JÜRGEN-THOMAS ERNST

Das Wasser-komplott

UMWELTKRIMI

OPFER DER MACHT Amanda und Fynn sind jung und entschlossen. Die Natur ist ihnen heilig. Mithilfe von Spenden retten die Jugendlichen ein Moor, das für eine landwirtschaftliche Nutzung geopfert werden sollte. Die Medien werden auf das engagierte Paar aufmerksam und mit ihnen viele weitere Menschen. Amanda und Fynn gründen einen Verein zum Schutz der Natur. Der Zulauf ist enorm. Die Spenden ebenfalls. Sie erwerben aufgelassene Felder, Wiesen, Steilhänge und stellen sie unter Schutz, um sie der Natur zurückzugeben. Zu den Demonstrationen, die der Verein organisiert, kommen bis zu 50.000 Teilnehmer. Das weckt auch das Interesse von Max Bonnermann, einem charismatischen, einflussreichen PR-Berater und Strategen, der bereits erfolgreich für große Konzerne und Staatsoberhäupter tätig war. Finanziell hat er alles erreicht, nun beabsichtigt er, der Menschheit etwas zurückzugeben. Er will die Naturschutzfamilie zum Big Player beim Thema Umweltschutz machen. Die »Familie«, wie sich die Naturschützer selbst nennen, empfängt ihn mit offenen Armen. Aber dann nimmt die Geschichte plötzlich einen anderen, dramatischen Lauf.

Jürgen-Thomas Ernst wurde 1966 geboren und wuchs in Hohenems, Vorarlberg auf. Schon während seiner Schulzeit schrieb er Theaterstücke, für die er zahlreiche Stipendien und Preise erhielt. Der Autor, der mit dem »Sir Walter Scott-Preis« ausgezeichnet wurde, hat bereits mehrere Romane veröffentlicht. Zudem schreibt er für Magazine Kolumnen und Artikel zu den Themen Natur und Nachhaltigkeit. Ernst ist Vater von zwei Töchtern und lebt in Bregenz/Vorarlberg.

JÜRGEN-THOMAS ERNST

Das Wasser-komplott

UMWELTKRIMI

GMEINER

Immer informiert

NEWSLETTER

Spannung pur – mit unserem Newsletter informieren wir Sie
regelmäßig über Wissenswertes aus unserer Bücherwelt.

Gefällt mir!

Facebook: @Gmeiner.Verlag
Instagram: @gmeinerverlag
Twitter: @GmeinerVerlag

FSC www.fsc.org
MIX
Papier aus verantwortungsvollen Quellen
FSC® C083411

Besuchen Sie uns im Internet:
www.gmeiner-verlag.de

Im Ehnried 5, 88605 Meßkirch
Telefon 07575/2095-0
info@gmeiner-verlag.de

1. Auflage 2021

Lektorat: Katja Ernst
Herstellung: Mirjam Hecht
Umschlaggestaltung: U.O.R.G. Lutz Eberle, Stuttgart
unter Verwendung eines Fotos von: © time. / photocase.de
Druck: CPI books GmbH, Leck
Printed in Germany
ISBN 978-3-8392-2806-7

Seid wachsam.

Für Natalie und Melanie

1. KAPITEL

Regen prasselte nieder. Es regnete oft in dieser Gegend. Wegen der hohen Berge, die sich von Osten nach Westen erstreckten. Die Regenwolken schoben meist vom Norden heran und sammelten sich grauschwarz und mächtig an den Bergflanken, bis es schließlich in feinen Fäden zu nieseln begann. Manchmal regnete es tagelang. Die Luft wurde schwer und feucht. Der Nebel verfilzte sich in den Wäldern und nahm den Blick auf die Landschaft. Kamen die Wolkentürme rasch herangetrieben, gingen oft Unwetter nieder. In kurzer Zeit schwollen die Bäche und Flüsse an und traten manchmal über die Ufer. Wenn sich die Bergwiesen mit Wasser vollgesogen hatten, lösten sich hin und wieder ganze Matten aus den Hängen und rutschten wie träge Lawinen talwärts, gefolgt von nasser brauner Erde, die als Mure in den nächsten Bach glitt, das Wasser braun färbte und zum Schäumen brachte.

»Verrückt«, sagte Amanda, die neben Fynn im Wagen saß.

Fynn schüttelte den Kopf, als er die Scheibenwischer auf höchster Stufe hin- und herfliegen sah. Nur mit Mühe gelang es ihnen, die schweren und zahllosen Tropfen von der Windschutzscheibe zu entfernen.

»Wirklich verrückt, dieser Sommer«, erwiderte Fynn, der wegen des Aquaplanings sehr langsam fuhr.

»2.000 Liter pro Quadratmeter und Jahr. Ich meine, das sind 200 Zehn-Liter-Eimer voll Wasser. Das ist wirklich verrückt.«

Amanda blickte auf die Uhr. Fynn war aufgefallen, dass sie mit den Fingerspitzen an den Ärmeln ihres Pullovers herumzupfte. Das machte sie immer, wenn sie aufgeregt war. Dann musste er so tun, als ob alles in Ordnung wäre, und sie beruhigen. Aber jetzt war ihm gerade gar nicht danach zumute, denn vor Aufregung spürte er sein Herz hinauf bis zum Hals.

»Wir haben noch neun Minuten«, beruhigte er sie trotzdem. »Das schaffen wir locker.«

»Da vorne«, erklärte Amanda, »da ist die Ausfahrt.«

Langsam fuhr Fynn von der Autobahn, passierte einen Kreisverkehr und hielt sich rechts.

»Hier ist es.« Amanda zeigte auf ein mehrstöckiges Gebäude mit einer Fassade aus Glas. Fynn parkte den Wagen in der Nähe des Eingangs und stellte den Motor ab. Durch den Dunst ihres Atems beschlugen sich sofort die Scheiben.

»Wir haben noch drei Minuten«, erklärte Fynn. »Auf fünf, okay?«

Sekunden später rissen sie die Türen auf, schlugen

sie hinter sich zu und rannten hinüber zum überdachten Eingang.

Als Amanda Fynn betrachtete, lachte sie aufgekratzt und sagte: »Du siehst komisch aus.« Von seinen Haarspitzen tickten Regentropfen, und durch sein weißes Hemd konnte man seine Brust erkennen.

»Wie frisch geduscht.«

»Mann, bin ich aufgeregt, Fynn. Ich schwitze, mein Puls rast. Und schau meine Finger an. Sie zittern.«

Fynn atmete tief durch. »Mir geht es genauso. Aber gleich wissen wir, was er uns zu sagen hat.«

Kurz danach saßen sie auf einem Chesterfield-Sofa, das angenehm nach Lederpolitur roch. Der frisch gewachste Holzboden glänzte. Der Blick aus dem Büro fiel durch großflächige Fenster Richtung Süden. Und hinter einem Schleier aus Regen sahen sie in der Ferne Scheinwerferlichter von Fahrzeugen und das orange Blinken einer Ampel.

Ihre Herzen rasten. Und sie rasten noch mehr, als der kahlköpfige, gut genährte Notar den Raum betrat, der sie freundlich begrüßte und sich anschließend hinter dem Schreibtisch auf seinem Lederstuhl niederließ.

»Danke, dass Sie hier sind.« Als er ihre verschüchterten Blicke sah, die ihn unwillkürlich an zwei verängstigte Küken erinnerten, setzte er fort: »Ich will Sie nicht auf die Folter spannen. Nur einige kleine Formalitäten. Sie sind Amanda Fink, 19, und Fynn Stamm, 21?«

Beide nickten und legten ihre Ausweise auf den Schreibtisch. Der Notar notierte etwas auf einem Vordruck und meinte anerkennend: »So jung und schon so erfolgreich.«

Rasch schob er ihnen die Ausweise zurück und öffnete eine Schublade. »Ich habe wichtige Informationen für Sie.« Mit diesen Worten legte er ein großes braunes Kuvert auf den Tisch, das er mehrere Male behutsam mit der Hand berührte. »Franziska Weller. Vielleicht sagt Ihnen dieser Name etwas.«

Beide schüttelten die Köpfe. Amanda dachte: Vielleicht hatte Fynn irgendwo eine Tante, von der er nichts wusste, und jetzt erbt er eine tolle verfallene Villa. Sie musste schmunzeln, aber nur kurz, denn dann klärte der Notar sie auf.

»Franziska Weller ist die Witwe des Fabrikanten Paul Weller. Mit seinen Patenten hat er ein Vermögen gemacht. Das Paar hatte weder Kinder noch Geschwister und auch keine Verwandten. Frau Weller ist vor Kurzem im gesegneten Alter von 104 Jahren gestorben. Ihr Verwalter hat uns diesen Umschlag zukommen lassen. Darin befinden sich etliche Unterlagen, die Sie betreffen oder in weiterer Folge betreffen könnten. Frau Weller hat den Großteil ihrer Immobilien einem Sozialhilfeteam vermacht, das sich dafür einsetzt, die Not benachteiligter Menschen ein wenig zu lindern und den Ärmsten der Armen ein erträgliches Dasein zu ermöglichen. Und zusätzlich gibt es diese Sache. Aber vielleicht beginne ich mit dem Brief, den Frau Weller eigenhändig an Sie verfasst hat. Sind Sie bereit?«

Amanda hielt Fynns Hand. Er spürte, wie sie schwitzte und zitterte. Schüchtern nickten sie dem Notar zu, und Fynn stieß hörbar Luft aus seinen vollen Backen. Die Aufregung war kaum zu ertragen.

Der Notar begann zu lesen: »Sehr geehrte Frau Fink, sehr geehrter Herr Stamm!

Es freut mich, dass Sie meiner Einladung gefolgt sind. Gerne hätte ich Sie persönlich begrüßt, aber leider ist das nicht mehr möglich, da ich inzwischen an einem Ort bin, an dem wir einander nicht treffen können. Ich habe Ihr Engagement, das Sie in den letzten Jahren zum Wohle der Natur gezeigt haben, mit regem Interesse verfolgt. Mit großer Freude habe ich vernommen, dass es Ihnen gelungen ist, durch eine Spendenaktion ein weitläufiges Hochmoor zu erwerben, das ohne Ihren Einsatz trockengelegt und einer intensiven Landwirtschaft zugeführt worden wäre. Sie haben mit Ihrer Energie ein Naturjuwel bewahrt, an dem auch noch Ihre Nachfahren Freude haben werden. Davon bin ich überzeugt. Mein Mann hat mir nach seinem Ableben ein großes Vermögen hinterlassen. Darunter auch eine 37.000 Hektar umfassende Naturlandschaft. In diesem Gebiet befinden sich Bäche, Flüsse, Teiche und Seen, ausgedehnte Mischwälder, Hochmoore und Trockenrasenwiesen. Ich möchte Ihnen diese Fläche gerne vermachen, wenn Sie bereit sind, einige Auflagen zu erfüllen – und ich bin überzeugt, dass Sie das gerne tun werden. Sie bestehen darin, dass im gesamten Gebiet keine Bauwerke und keine befestigte Straße errichtet werden dürfen, damit sich die Fauna und Flora bestmöglich entwickeln kann. Falls Sie das Erbe annehmen, erhalten Sie zudem finanzielle Mittel. Damit können Sie Ihre Arbeit für das Schutzgebiet bezahlen und Untersuchungen durchführen lassen, um die Entwicklungen der Pflanzen- und Tierwelt zu dokumentieren. Ich würde mich sehr geehrt fühlen, wenn Sie mein Geschenk annähmen und verbleibe in dieser Hoffnung mit herzlichen Grüßen, Ihre Franziska Weller.«

Behutsam legte der Notar das Schreiben zur Seite und blickte die beiden an. Er kannte solche Gesichter. Er hatte schon etlichen Menschen ähnliche Nachrichten überbracht, und die Reaktionen glichen einander auf verblüffende Weise. Große Augen, offene Münder und Staunen. Der Notar sah Amandas Halsschlagader. Sie bewegte sich. In ihr pulste aufgeregtes Blut, das wusste er.

»Ähm. Also, das ist jetzt …«, meinte Amanda.

»Puh«, setzte Fynn fort. »Ich bekomme gerade eine Gänsehaut.«

Amanda lächelte verlegen. »Bevor wir das Erbe annehmen … Ich meine, dürfen wir das Gebiet vorher etwas genauer ansehen?«

Der Notar lächelte. »Natürlich dürfen Sie das«, sagte er und berührte mit der Handfläche das dicke braune Kuvert. »Hier befinden sich alle Unterlagen, die Sie brauchen.«

2. KAPITEL

Amanda hatte Fynn vor zwei Jahren während einer Demonstration gegen den Klimawandel kennengelernt. Sie war damals 17 gewesen und er 19. Solche Demos wurden in vielen Städten abgehalten, und häufig kamen Tausende Menschen zu diesen Treffen.

Sie erinnerte sich genau daran. Fynn hatte eine selbst beschriftete kleine Tafel in der Hand gehalten, die an eine Holzlatte genagelt war. »Der Planet gehört uns allen«, stand darauf.

Sein blasses Gesicht fiel ihr auf und die lockigen braunen Haare, die ihm in die Augen hingen. Er wirkte schüchtern und gleichzeitig selbstbewusst und höflich. Und er lächelte oft und sanft.

Sie gingen während der gesamten Demonstration nebeneinander her und wiederholten die Parolen und Gesänge, die einer durch ein Mikrofon sprach. Danach saßen sie zu zweit auf der Terrasse eines Kaffeehauses und tranken Ingwertee. Es war Herbst. Das Laub torkelte gelb, rot und braun von den Bäumen, und es war so warm wie im Sommer.

Irgendwann an diesem Nachmittag fragte Amanda Fynn nach seinen Eltern und Geschwistern. Fynn blickte nachdenklich hinüber zu einem Ahornbaum, der gerade ein Blatt nach dem anderen in den Herbst entließ.

»Ich kann mich genau daran erinnern«, erzählte er. »Ich war fünf und ging in den Waldkindergarten. Und da war auf einmal meine Großmutter. Meine Großmutter weinte. Sie weinte sonst nie. Ich hielt gerade einen Hammer in der Hand und schlug Nägel in ein dickes Brett, aber als ich die Großmutter sah, legte ich den Hammer und die Nägel behutsam nieder und ging ihr entgegen. Sie eilte auf mich zu und drückte mich fest an sich. ›Deine Mama‹, sagte sie unter Tränen, ›und dein Papa‹. Sie schluchzte und brachte kein weiteres Wort mehr heraus. Später erfuhr ich, dass beide kurz zuvor bei einem Autounfall gestorben waren. Seit diesem Tag lebe ich bei meiner Großmutter. Einmal, es war vielleicht ein halbes Jahr nachdem meine Eltern gestorben waren, machte sie Marmelade ein. Es war Sommer und sehr heiß. In einem Topf köchelten Himbeeren vor sich hin. ›Weißt du‹, sagte sie und sie weinte, während sie es sagte. ›Manchmal verändert sich das Leben mit einem einzigen Paukenschlag. Auf einmal ist alles anders. Aber wir sitzen jetzt hier, du und ich, und dieser wunderbare Duft der Himbeeren weht durch die Küche. Ich sehe, wie die Sommersonne gerade auf deinen Oberarm scheint. Wir haben einander. Und das sollte uns Halt geben, nicht? Ja‹, sagte sie, ›das ist momentan alles sehr schwer für uns, aber wir müssen immer daran denken, dass uns diese wunderbaren Augenblicke, die wir jetzt erleben und in Zukunft erleben werden, niemand nehmen kann. Wir sollten sie in uns aufbewahren wie große Schätze, verstehst du?‹ Und dann nahm sie mich in die Arme, und ich war so froh, dass es sie gab und sie für mich da war.«

Das Haus, in dem Fynn mit seiner Großmutter wohnte, lag an einem Südhang, und die Großmutter versicherte ihm immer wieder, dass es schon 400 Jahre alt sei. Vor dem Haus gab es einen großen Garten, der im Osten und Westen von einer hohen Buchenhecke eingefasst war. Nach Süden folgte ein Abhang mit mehreren Terrassen, auf denen die Großmutter Gemüse- und Blumenbeete angelegt hatte. Dazwischen, wie hingestreut, standen Nuss-, Kirsch- und Zwetschgenbäume. »So«, sagte die Großmutter manchmal, »genau so stelle ich mir das Paradies vor.«

Einige Tage nach der Klimawandeldemo schrieb Fynn Amanda eine Whatsapp-Nachricht und wollte wissen, ob er sie treffen könne. Aber sie verneinte.

»Geht leider nicht. Liege mit Fieber im Bett.«

Er fragte sie nach ihrer Adresse, fuhr mit seiner Vespa los und saß eine halbe Stunde später neben ihrem Bett. Amandas Stirn war heiß und Schweißtröpfchen rannen ihr von den Schläfen hinab.

»Ich könnte dich anstecken«, flüsterte sie heiser.

Aber Fynn schüttelte den Kopf. »Mach dir keine Sorgen. Ich habe keine Zeit, um krank zu werden.«

Er saß bis zum späten Abend bei ihr am Bett und sagte auf einmal: »Ich bleibe heute bei dir.«

Amandas Eltern stimmten zu und legten ihm eine Matratze ins Zimmer. So verbrachten Amanda und Fynn ihre erste gemeinsame Nacht. Am nächsten Tag besuchte er sie wieder. Er las ihr aus dem Roman vor, der auf dem Nachtkästchen lag, und brachte ihr Tee und Zwieback. Und wenn sie schlief, betrachtete er ihre kurzen schwarzen Haare, ihre dichten Brauen und die Lider, unter denen ihre Augen wild hin und her rasten.

Amanda wurde rasch gesund. Jedes Mal, wenn sie Fynn in den folgenden Tagen und Wochen sah, klopfte ihr Herz wie wild, und wenn sie in seiner Nähe war, fühlte sie sich so geborgen wie in einem weichen Nest.

»Ein Junge wie Fynn ist ziemlich selten«, sagte Amandas Mutter einmal. »So einen findest du nicht an jeder Straßenecke.«

»Ich weiß«, hatte Amanda damals erwidert.

»Jetzt musst du ihn uns aber auch genauer vorstellen«, erklärte Amandas Vater, der seit Jahrzehnten mit aller Leidenschaft als Volksschullehrer tätig war. »Bring ihn doch zum Essen mit.«

Und so saßen sie eines Abends zu viert am Küchentisch. Fynn schwieg, weil ihm solche Anlässe unangenehm waren. Aber je später es wurde, desto entspannter fühlten sich alle. »Okay«, sagte Amandas Vater plötzlich. »Wir wissen von dir, dass du die Schule vor dem Abitur abgebrochen hast, in einer Textilfirma arbeitest und bei deiner Großmutter lebst. Und ich erzähl dir jetzt etwas über Amanda.«

»Papa«, unterbrach ihn seine Tochter neckisch, die ahnte, was kam. »Das darfst du nicht.«

Amandas Vater lachte schallend. Sein Lachen war so ansteckend, dass Amandas Mutter nicht anders konnte, als ebenfalls loszulachen, ohne genau zu wissen, was ihr Mann überhaupt so lustig fand. Am Ende lachten alle vier. »Also, Fynn. Amanda geht von der Schule nach Hause. Sie war vielleicht sechs. Es war Oktober. Sie sieht einen Baum und darunter liegen viele Nüsse. Sie füllt die ganze Schultasche damit. Auf einmal steht der Bauer vor ihr, dem der Baum gehört. ›Was machst du da?‹, fragt er sie. Und sie antwortet ganz ruhig: ›Ich sammle Nüsse.‹ – ›Das darfst du nicht. Das ist Diebstahl.‹ – ›Doch, doch, das darf ich. Mein Vater ist Pfarrer.‹ – ›Pfarrer?‹ – ›Ja, Pfarrer.‹ – ›Katholisch oder evangelisch?‹ – ›Ist doch egal. Hauptsache, er erlässt mir meine Sünden.‹« Alle prusteten los vor Lachen.

»Papa, das ist nicht fair«, rief Amanda, während ihr die Lachtränen in den Augen stiegen.

»Ich hätte da noch eine Geschichte«, sagte er, während er seine Bauchmuskeln streichelte, die ihm vor lauter Lachen schmerzten. »Die Hasengeschichte.«

»Nein, Papa. Das darfst du nicht. Fynn bekommt ein schlechtes Bild von mir.«

»Die muss sein, Liebling«, kicherte er. »Also. Amanda ist acht. In den Sommerferien verlässt sie eines Nachmittags das Haus. Es ist heiß, sehr heiß. Die Mutter fragt sie: ›Liebling, wohin gehst du?‹– ›Einkaufen, Ma, in den Krämerladen.‹ – ›Was einkaufen?‹ – ›Eis und ein bisschen was für später.‹ – ›Was für später?‹ – ›Ja, Bonbons oder so.‹ – ›Du sollst nicht …‹, aber da war sie bereits verschwunden. Nach, sagen wir, 20 Minuten, höre ich Schreie. Entsetzliche Schreie, Fynn. ›Lasst mich raus! Lasst mich hier raus!‹ Ich gehe hinter das Haus. Und was sehe ich? Was sehe ich, Fynn? Unseren mit Spanngurten fixierten Hasenstall. Darin der schwitzende siebenjährige Nachbarsjunge. Eingezwängt in genau diesem Stall. Um ihn herum ein riesiger Haufen Stroh, einige Löwenzahnblätter und eine Schüssel mit Wasser. ›Was machst du da?‹, frage ich ihn. ›Amanda‹, sagt er nur und heult los. ›Sie hat mich eingesperrt.‹ – ›Wie, eingesperrt?‹ – ›Wir haben Bäuerin und Hase gespielt und ich bin der Hase.‹ In diesem Augenblick kommt Amanda um die Ecke. ›Was hast du mit Tommy angestellt, Amanda?‹, frage ich. ›Wir haben gespielt‹, sagt sie ruhig. ›Und die Gurte um den Hasenstall?‹ – ›Er wollte ihn kaputt machen.‹ – ›Was kaputt machen?‹ – ›Er hat sich gestreckt und der Stall hat zu ächzen begonnen. Also habe ich die Gurte um den Stall gelegt, damit er ganz bleibt.‹ – ›Und der Löwenzahn?‹ – ›Er ist der Hase. Ich habe ihm gesagt, wenn du den Löwenzahn fleißig frisst, lass ich dich raus. Aber er wollte nicht. ›Er schmeckt bitter‹, hat er gejammert. ›Ja‹, hab ich geantwortet, ›er schmeckt bitter, aber er ist gesund und ich will einen fetten Hasen und keinen dünnen.‹ Kurzum, Tommy musste eine Stunde im Stall verharren, ehe er ihn völlig verspannt verlassen durfte. Dabei blickte er Amanda böse ins Gesicht, sagte: ›Mit dir spiel ich nie wieder‹, und rannte weinend davon.

Erneut begannen alle am Tisch schallend zu lachen. Und so ging das bis spät nach Mitternacht.

Später, als Amanda und ihr Vater allein waren, umarmte er sie und meinte: »Da hast du einen besonderen Freund. Und ich spüre, dass er auch weiß, was für ein kostbarer Mensch du bist.«

Schließlich küsste er sie auf die Stirn und sagte: »Ich bin so froh, dass es dich gibt«.

Amanda war dermaßen in Fynn verliebt, dass sie es vor lauter Glück fast nicht aushielt. Alles war so friedlich. Es war vollkommen unmöglich mit ihm zu streiten, denn er war durch nichts aus der Ruhe zu bringen.

Obwohl – am Anfang war er ihr schon ein bisschen komisch vorgekommen. Er hatte ihr erzählt, dass er gerne tagelang durch die Wälder streife und abends an einem geeigneten Platz ein Zelt aus Ästen und Reisig errichte. Danach breite er knietief Buchenlaub darin aus, Moos, Farn oder was er gerade finde, und suche Harz und trockenes Holz. Wenn er so erzählte, mit diesem Glanz der Begeisterung in den Augen, und Lagerfeuer aus seinen Erinnerungen zurück in seine Gedanken holte, hielt sie ihn zuerst für einen jener Survivaltypen, die sich in der Wildnis von Beeren und Raupen ernährten, einen von jenen, die man manchmal tief in den Wäldern sah, raue Kerle mit Rastalocken, dicken Strickpullovern, schweren Stiefeln und verschmutzten Rucksäcken, in denen sich Feuersteine, Axt und Säge befanden. Alles Dinge, die sie brauchten, um ihr Leben in der Wildnis auf die Probe zu stellen. Sie war sich in den ersten Wochen nicht sicher, ob er wirklich der Junge war, mit dem sie ihre Zukunft verbringen wollte. Von fast jedem Streifzug kam er mit Beeren, Wurzeln und Pilzen zurück, und einiges davon schmeckte verdächtig seltsam, aber trotzdem aß sie alles, was er ihr vorlegte, denn sie war so schrecklich in ihn verliebt. Als sie einmal eine bitter schmeckende Beere zerkaute, dachte sie sich: So Amanda, das war's, und sie kam sich vor wie Romeos Julia.

Das erste Mal, als sie bei ihm zu Hause gewesen war, hatte er ihr sein Depot für schlechte Tage gezeigt. Ja, so nannte er das. Depot für schlechte Tage. In seinem Zimmer öffnete er einen Vorratsschrank, und die Fächer waren voll mit Reissäcken, Nudelpackungen, Trockenfrüchten und Dutzenden Konservendosen. »Für Notzeiten?«, hatte Amanda damals ungläubig gefragt.

Fynn hatte sie ernst angesehen. »Wenn die harten Zeiten einmal da sind, werden zuerst die Supermärkte geplündert. Wer dort zu spät kommt, hat schlechte Karten. Seine Großmutter sage immer: Wer einmal richtig Hunger gelitten hat, wird immer ein Vorratslager besitzen.« Amanda hatte geschwiegen und gedacht: durchgeknallt. Dieser Typ ist vollkommen durchgeknallt.

Aber als sie später mit Fynns Großmutter in der Küche saßen, die gerade Apfelringe schnitt, um sie später an einem Bindfaden aufzufädeln und wie Girlanden über dem Kachelofen aufzuhängen, um sie zu dörren, war sie sich gar nicht mehr so sicher, ob Fynn wirklich ein bisschen verrückt war.

Eines Tages begleitete sie ihn auf einen seiner Streifzüge durch die Wildnis. Und schon beim zweiten Mal wurde sie förmlich süchtig danach, mit ihm nachts in schweigenden Wäldern unter einem Dach aus Reisig zu liegen und sich nah an ihn zu schmiegen. Und als sie still neben ihm lag, dachte sie: Weshalb haben wir nicht schon viel früher damit begonnen?

3. KAPITEL

Am Tag nach dem Besuch beim Notar kehrte die Hitze des Sommers zurück. Der Himmel war wolkenlos und blau. Aus den Kronen der Bäume, die im morgendlichen Schatten standen, fielen vereinzelt die letzten Tropfen des gestrigen Regens. Und da waren noch die angeschwollenen Bäche und Flüsse, die braunes Wasser brachten.

Amanda und Fynn fuhren eine halbe Stunde durch tiefe Wälder, die zwischendurch von Wiesen und Kuhweiden abgelöst wurden. Schließlich bogen sie auf einen geteerten Güterweg ab, der schmal und kurvenreich ins Hinterland führte. Ab und zu mussten sie Schlaglöchern ausweichen, die oft nur mangelhaft mit Schotter gefüllt waren. Nach einer scharfen Kurve endete der asphaltierte Weg und ging in einen Feldweg über. Das Gras des Mittelstreifens strich über den Unterboden des Wagens und manchmal schlug ein Kieselstein gegen das Blech der Karosserie.

»Auf so einem Weg bin ich noch nie gefahren«, seufzte Amanda, die am Steuer saß.

Unvermittelt stieg der Weg an und führte einen steilen Hügel hinauf. Die Räder begannen zu scharren, Kieselsteine prasselten gegen das Autoblech, und anstatt behutsam den Hang hochzufahren, gab Amanda Gas. Das Scharren nahm zu, und das Prasseln der Kieselsteine ging in ein lautes Hageln über, während die Reifen Furchen in den Weg pflügten. Aber schon im nächsten Augenblick trat Amanda heftig auf die Bremse und blieb mitten in der steilen Rampe stehen, denn vor ihnen war plötzlich das grelle Licht von zwei Scheinwerfern aufgetaucht und darüber die grün lackierte Kabine eines Traktors.

»Wenn der Plan stimmt, sind wir keine 500 Meter vom Eingangstor entfernt«, erklärte Fynn und blickte hinauf zum Traktor. Der Traktor hatte ebenfalls angehalten, aber der Fahrer machte keine Anstalten zurückzusetzen. Er verschränkte die Arme auf dem Lenkrad und stützte seinen massigen Körper darauf. Er wirkte gereizt. Nach einigen Augenblicken gab er ihnen mit fuchtelnden Armbewegungen zu verstehen, dass sie verschwinden sollten.

»Ich glaub, ich kann das nicht«, flüsterte Amanda. »Rückwärts den Hügel hinab. Und das auf einem Feldweg.«

Fynn wollte gerade aussteigen und den Traktorfahrer bitten, etwas zurückzufahren. Aber als er die Tür öffnete, schrie der Fahrer wütend, dass sie verschwinden sollen.

»Lass ihn«, entgegnete Amanda.

Sie legte gerade den Rückwärtsgang ein, als sie die grelle Hupe des Traktors hörte. Das war zu viel.

»Klappe jetzt«, fauchte sie, legte den rechten Arm auf den Beifahrersitz, blickte durch die Heckscheibe und fuhr langsam los.

Sie lenkte den Wagen zu weit nach links und dann zu weit nach rechts. Er streifte an borstigem Gras, dornige Sträucher kratzten am Blech, und die Reifen schabten an den Wänden der Fahrbahnrinnen. Amanda begann zu schwitzen und steuerte das Auto weiter in Schlangenlinien abwärts, bis sie endlich eine kleine Ausweichbucht erreichte und dort stehen blieb. Ihre Halsmuskeln schmerzten vom Rückwärtsblicken, und ihre Finger zitterten vor Aufregung.

Der Traktor rollte langsam den Weg hinab und hielt neben ihr an. Der Fahrer ließ das Seitenfenster herunter und rief: »He, du Waldfee! Das ist ein Privatweg, okay? Da vorne ist eine Schranke und danach ist Ende Gelände. Haut ab von hier, sonst steig ich aus und zeig euch, wo's lang geht.«

Während der Fahrer irgendetwas von Polizei sagte, pfiff Amanda leise vor sich hin. Gleichzeitig fingerte sie im Handschuhfach nach einem Schlüsselbund und steckte ihn an den Mittelfinger. Kurz danach streckte sie ihren Arm aus dem Fenster und sagte laut: »Das hier ist ein Schlüssel, okay? Und dieser Schlüssel passt genau in jenes Torschloss, von dem Sie gerade gelabert haben, okay? Und das, was sich hinter diesem Tor befindet, gehört uns, okay? Und wenn Sie jetzt weiterfahren, wäre das eine tolle Sache, denn dann könnten wir endlich auf unser Grundstück. – Ach, und noch etwas.« Nun reckte Amanda ihren Kopf aus dem Wagen und blickte zum Traktorfahrer hoch. »Wenn du weiter Faxen machst, bekommst du ein Schreiben von meinem Vater.« Kurz verschwand ihr Kopf im Wagen. Aber Augenblicke später streckte sie ihn wieder hinaus, da sie etwas Wichtiges vergessen zu haben schien: »Ach ja, mein Vater. Der leitet übrigens eine Anwaltskanzlei.«

Im nächsten Augenblick tuckerte der Fahrer los. Aus der Kabine dröhnte laute Schlagermusik und schließlich verschwand der Traktor hinter einer Kurve aus dem Rückspiegel von Amandas rotem Toyota.

»Aber …«, setzte Fynn an, den die Aufregung durchflutete, »dein Vater ist doch gar kein Anwalt.«

»Mag sein, aber dieser Typ hat 100-prozentig keine Ahnung davon.«

Sie rollten langsam den Hang hinauf, auf der anderen Seite hinunter und hielten vor einem großen Tor. Links und rechts davon begann eine hüfthohe Hecke aus Buchs, Liguster und Hainbuchen.

Als sie das Tor hinter sich gelassen hatten, wurde das Gras auf dem Mittelstreifen des Weges noch höher. Samenkörner regneten gegen die Windschutzscheibe. Pflanzendolden und vertrocknete Grasspitzen flogen davon, und Käfer krabbelten über die Motorhaube und an den Außenspiegeln entlang. Sie fuhren mehrere Kilometer über sanft dahinwellendes Gelände und erreichten schließlich eine weite Ebene.

Als sie ausstiegen, schüttelten sie staunend die Köpfe. Die Landschaft erstreckte sich weit gegen Osten. Das hohe Gras neigte sich träge im Wind hin und her wie ein großes, weites Meer.

»Verrücktes Bild«, sagte Fynn. »Hier der Weg und ringsherum nur dieses ausgeschossene gelbe Gras«.

Drüben begann ein Wald mit hohen Fichten, Tannen und Buchen. Und vorne am Horizont, weit entfernt, ragten graue Felswände empor. Darüber konnten sie das bläuliche Weiß einer Gletscherzunge erkennen.

»Diese Stille hier«, sagte Fynn.

Kohlweißlinge und Zitronenfalter flatterten vorbei. Bienen und Hummeln summten. In der Ferne gurgelte ein Bach.

»Mann, Fynn. So etwas. Also das ist ja beinahe unglaublich. Haben wir das Zelt dabei und die Schlafsäcke?«

Fynn nickte.

»Und auch den Gaskocher und Proviant?«

»Reis, etwas Kaffeepulver und einige Würfel Gemüsebrühe.«

Sie trat näher, umfasste mit den Händen seine Pobacken, drückte sanft zu und gab ihm einen Kuss. »Was hältst du davon, wenn wir heute hier übernachten und so?«

Fynn lächelte verschwörerisch. »Davon halte ich sehr viel.«

Sie schulterten ihre Trekkingrucksäcke und zogen los. Amanda folgte Fynn auf einem schmalen Wildwechsel, der von hohem verdorrtem Gras eingefasst war. Manchmal schob er Halmspitzen zur Seite, die sich gegen den Weg neigten.

Wie schön seine Hände sind, dachte sich Amanda. Das dachte sie sich immer, wenn sie sie genauer betrachtete.

Wohl eine Stunde wanderten sie zwischen dem Meer aus hohem Gras dahin. Die Sonne schien angenehm warm, und Amanda grinste, als sie einen Blick auf Fynns braune Cordhose warf und seinen Po, der sich darunter abzeichnete.

»Sollten wir nicht einmal eine Pause machen?«, flüsterte sie.

Er gab ihr aus seiner Wasserflasche zu trinken und sie lächelte einladend.

»Es ist so still hier. Was meinst du? Ich würde gerne im hohen Gras liegen, gegen den Himmel blicken, der zwischen den Halmen hindurchblinzelt, deine braunen Augen, dein friedliches Gesicht sehen und deine Bewegungen spüren.«

Fynn streichelte ihre Wange und steckte die Trinkflasche zurück in den Rucksack. »Sollen wir nicht zuerst einen Zeltplatz suchen, bevor es dunkel wird?«

»Gleich finden wir einen. Ganz bestimmt.« Amanda küsste ihn und sie gingen weiter.

Ihr Weg führte sie durch einen Hochwald. Einige Bäume waren längst umgefallen, moderten vor sich hin und waren von Schwämmen und Pilzgeflechten übersät.

Es roch nach feuchter Erde, Nadeln und Harz. Amanda seufzte zufrieden. Immer, wenn ihr diese Gerüche in die Nase stiegen, musste sie an die Wanderungen mit ihrem Vater denken, die sie früher an den Wochenenden unternommen hatten. Sie war vielleicht sieben oder acht gewesen, als sie damit begonnen hatten. Meistens waren sie kreuz und quer durch das Gelände gestreift, hatten Beeren und Pilze gesammelt, sich auf Moosteppichen ausgeruht und mitgebrachte Brote gegessen. Sie waren bei jedem Wetter unterwegs. Egal, ob die Sonne schien, ob es regnete, schneite oder neblig war. Manchmal nahmen sie ihr Zelt mit und campierten auf einer Lichtung. Dann entfachten sie ein kleines Feuer, brieten Würste und kochten Tee. Und nachts, wenn vor dem Zelt etwas knackte oder ächzte, klammerte sie sich ängstlich an ihren Vater, und ihr Vater streichelte ihr über die Stirn und das Haar und versicherte ihr, dass alles gut sei. Dadurch fühlte sie sich so sicher und geborgen, dass sie meistens gleich wieder einschlief. Amanda war in diese Wanderungen verliebt und sie hatten gewiss ihre Leidenschaft für die Natur geweckt. Alles Weitere, der Einsatz für das Moor, das drainiert werden sollte, die Spendenaktion und die Rettung des Moores wären ohne diese Erlebnisse niemals möglich gewesen. Davon war sie überzeugt.

Der Weg schlängelte sich hügelauf und hügelab durch den Wald.

»Ein Wildwechsel«, sagte Fynn, »bestimmt.«

Wenn Fynn in seiner braunen Cordhose so vor ihr her ging, wurde sie jedes Mal verrückt nach ihm. Manchmal musste sie einfach seinen Rücken berühren, seine Arme, ihm durch das lockige Haar fahren, ihn küssen oder ihm sagen: »Ich hab dich so lieb.«

Der Pfad führte eine Anhöhe hinauf und wieder eine Senke hinab. Sie folgten ihm über eine Stunde, als Fynn hinter einer großen Kiefer auf einmal das Blau eines Sees schimmern sah.

»Wow«, flüsterte er. »So etwas habe ich noch nie gesehen.«

»Glaub ich nicht«, sagte Amanda.

Das Ufer des Sees glich einem lang gezogenen C und war mit feinen Kieselsteinen und einigen Sandbänken bedeckt.

»Da hinten«, meinte Fynn, »unter den Kiefern liegt eine Schicht weicher Nadeln und der Boden ist eben. Hier sollten wir unser Zelt aufstellen.«

»Wunderbarer Platz«, meinte Amanda zufrieden.

Nachdem sie gegessen und einen Ingwertee getrunken hatten, saßen sie zufrieden am Ufer des Sees. »So still hier«, flüsterte Fynn, während er auf das glatte Wasser sah, auf dem das Licht des Mondes glitzerte. Das Schilf neigte sich träge hin und her, und ein Blässhuhn glitt langsam vorüber.

»Was für ein Ort«, sagten beide gleichzeitig.

»Das glaubt uns keiner, Fynn.«

4. KAPITEL

Der Notar lächelte wie ein gütiger Vater, als er ihnen zwei Verträge zur Unterschrift vorlegte. Amandas und Fynns Herzen rasten und beide wussten, das hier war ganz besonderer Moment. Ein Moment, der alles veränderte und ihr Leben von der einen zur anderen Sekunde in andere Bahnen lenkte. Amanda konnte ihre Stelle als Sachbearbeiterin beim Amt kündigen und Fynn seine öde Tätigkeit als Fakturist in der größten Textilfabrik des Ortes.

Mit Grauen musste er daran zurückdenken, wie er dort Rechnungen an Kunden geschrieben hatte und des Öfteren bei seinem Vorgesetzten vorsprechen musste, um sich dafür zu entschuldigen, dass er wieder einmal eine Zahl falsch eingetippt hatte. Sein Vorgesetzter fragte ihn stets, ob dieser Job schon das Richtige für ihn sei. Und Fynn hatte gewusst, dass er das nicht war, aber trotzdem jedes Mal mit vorgetäuschter Überzeugung gesagt: »Doch, doch, das ist er. Das müssen Sie mir unbedingt glauben.«

Sie würden von nun an für edle Ziele verantwortlich sein. Für Abermillionen Tiere und Pflanzen, für das Wohl der Natur, und das war eine der schönsten Aufgaben, die man sich vorstellen konnte.

Im Büro des Notars war es vollkommen still. Nur zwei Stifte kratzten leise über zwei Bögen Papier. Anschließend schoben Amanda und Fynn die unterschriebenen Dokumente mit den Fingerspitzen dem Notar zu.

Unglaublich, dachte Amanda. Wenn ihnen vor zwei Monaten jemand prophezeit hätte, dass sie bald Eigentümer des größten privaten Schutzgebietes des Landes sein würden, hätte sie diese Person für vollkommen verrückt gehalten.

Sie schüttelte den Kopf. »Ich kann es kaum glauben.«

Fynn war sprachlos vor Glück.

»Hier befinden sich alle wichtigen Unterlagen«, erklärte der Notar, als er eine Hand auf das dicke braune Kuvert legte. »Verträge, Kaufurkunden, Voreigentümer, Pläne von Wasserquellen, alles. Der Verein muss innerhalb eines Jahres gegründet werden. Danach sind Sie die rechtmäßigen Eigentümer des Gebietes.«

»Und das«, und nun nahm er ein schlankes gelbes Büchlein in die Hand, das in einer stabilen Klarsichthülle steckte, »ist das Sparbuch. Mit den Einlagen können Sie Ihre Arbeit für die Natur finanzieren, ein Vereinslokal erwerben, Untersuchungen im Schutzgebiet durchführen lassen, Referenten zu Vorträgen einladen, Werbungen schalten und um Spenden für den Verein bitten. So, ich glaube, das wäre alles.«

Amanda nickte zustimmend und Fynn meinte: »Puh. So viel Glück ist kaum zu ertragen. Das haut mich beinahe um.«

Als sie das Stiegenhaus des Gebäudes hinuntergingen, hörten sie es schon. Alphörner erklangen. Zunächst dachten sie sich nichts dabei. Aber als sie auf den Vorplatz traten, sahen sie es. Drüben, vor ihrem Auto, standen sie. Zwei Musiker mit ihren langen Alphörnern, die musizierten, und daneben eine applaudierende Menge.

»Wir dachten, dass man ja nicht jeden Tag ein Gebiet in dieser Größenordnung geschenkt bekommt«, sagte Amandas Vater gerührt, als er seine Tochter in die Arme nahm. Amandas Mutter war da, Fynns Großmutter, Verwandte und Freunde.

»So einen Augenblick muss man feiern!«, meinte die Großmutter strahlend und drückte Fynn fest an sich. »Ich bin so stolz auf euch.« Danach stießen sie mit Sektgläsern auf dieses Ereignis an. Amandas Vater hatte auf der Grünfläche, die an den Parkplatz angrenzte, sogar ein kleines Partyzelt und Tischbänke aufstellen dürfen.

»Wie habt ihr das nur geschafft?«, fragte Amanda.

»Ach«, erklärte ihr Vater. »Wir sind zum Eigentümer der Wiese gegangen und haben ihm gesagt: ›Wir müssen da unbedingt etwas Großes feiern und brauchen deine Wiese dazu.‹« Und drüben saß der Mann, über den ihr Vater gerade sprach, und winkte fröhlich.

»Verrückt«, sagte Fynn. »Einfach verrückt.«

Der Verein, den sie einige Wochen später gründeten, wuchs schon nach kurzer Zeit auf über 300 Mitglieder an und trug unter Insidern bald den Codenamen »Die

Familie«. Naturschutzmagazine berichteten euphorisch über das Gebiet und die Ziele, die Amanda und Fynn verwirklichen wollten. In lokalen Tageszeitungen blickten sie von Titelseiten, und kleine Radiosender und Fernsehstationen baten sie um Interviews.

Aber nicht allen gefiel diese Naturschutzeuphorie. Eines Tages erhielten Amanda und Fynn ein Anwaltsschreiben, in dem es hieß, dass mehrere Landwirte, die Flächen in der Nähe des Schutzgebietes betreuten, seit geraumer Zeit erhebliche Einbußen zu beklagen hatten. Da die Schutzfläche brachliege, herrsche auf den angrenzenden Feldern und Wiesen eine invasive Ausbreitung von Unkräutern, die nur durch den massiven Einsatz von Herbiziden bekämpft und eingedämmt werden könne. Zudem erlitten die Bauern durch große Bäume und den Schattenwurf, den sie verursachten, massive Einbußen, da das Gras und Getreide wegen des Licht- und Nährstoffmangels auf den angrenzenden Feldern nur noch kümmerlich gedeihe.

Amanda und Fynn versuchten die Landwirte zuerst mit höflichen Briefen zu beruhigen. Aber das schien sie nicht zufriedenzustellen, denn sie klagten kurz danach vor Gericht auf Schadensersatz. Ein Teil des Guthabens versickerte rasch in Anwaltskosten und kurz schien es, als würde der Druck der Bauern so groß, dass die beiden das Erbe zu verlieren drohten.

Wütend äußerte sich ein Landwirt in einer Radio-Livesendung über die neuen Eigentümer und bezeichnete die Naturschutzaktivisten als Schädlinge der Gesellschaft. Je länger das Gespräch dauerte, desto enthemmter wurde er. »Das sind doch faule Leute«, erklärte er. »Und am schlimmsten sind die reichen Spinner, die diese Faulheit auch noch finanzieren. Diese jungen Nichtstuer sollen zuerst einmal arbeiten, anstatt sinnlos durch verwildertes Gebiet zu spazieren, um dort Käfer und Bäume zu zählen oder andere Sinnlosigkeiten aufzuführen, die niemandem etwas nützen!«

Immer wieder sprachen die Landwirte bei hohen Politikern vor. Gleichzeitig machten einige der Landwirte Amanda und Fynn über Strohmänner Kaufangebote, die versicherten, dass durch juristische Winkelzüge das Testament der alten Frau für ungültig erklärt werden könne. Die Strohmänner warnten Amanda und Fynn außerdem vor der nicht zu unterschätzenden Macht einiger Bauern, die in der Lage seien, auch außergerichtliche Mittel einzusetzen, um Druck auf die neuen Eigentümer auszuüben.

Doch dann wurde ein Naturschutzmagazin auf die missliche Lage der Familie aufmerksam. In der nächsten Ausgabe titelte es mit der Überschrift »Gier«, zeigte auf der ersten Seite einen grünen Traktor in einem großen abgemähten Feld und verurteilte die Agrarwirte im Artikel als weltfremd, raffgierig und profitgeil.

Als immer mehr Medien über das gerichtliche Vorgehen der Bauern berichteten, wuchs der Unmut der Bevölkerung. Die Klage wurde zum öffentlichen Ereignis und der Druck so groß, dass selbst die Richter davon nicht unbeeinflusst blieben.

Das Unglaubliche geschah: Die Kläger verloren und verzichteten darauf, den Rechtsstreit weiterzuführen. Die Medien feierten den gewonnenen Prozess als einen Sieg der leidenschaftlichen Jugend gegen die Gier des Alters. Die Spenden nahmen derart zu, dass die Familie damit sogar einen großen verwilderten Obstgarten erwerben konnte, der an ihr Schutzgebiet angrenzte und an dessen Rändern üppige Inseln aus Wildrosenhecken und Holundersträuchern gediehen.

»Das ist die Magie der Jugend«, titelte eine Naturschutzzeitschrift. »Eine Jugend, die Kraft hat und Visionen, denen sie durch ihren bedingungslosen Einsatz Leben einhauchen. Danke, Familie, für dieses große Zeichen der Hoffnung, das ihr uns geschenkt habt. Und eines steht fest: Wir Menschen haben den Kampf für eine saubere, klimafreundliche Zukunft noch nicht verloren. Denn diese engagierte junge Generation handelt, sie handelt für eine intakte Umwelt, für eine intakte Natur und letztlich auch für das Glück der Menschen auf dieser Welt.«

Amanda und Fynn waren wie besessen von ihrer Leidenschaft. Endlich gab es etwas, das ihrem Leben Sinn verlieh. Wie wohltuend war es, von einer Sache restlos überzeugt zu sein. Viele Menschen würden ihrem Beispiel folgen, davon waren sie überzeugt, diese positive Kraft würde wachsen wie eine schöne Blume, und ihre Wurzeln würden eines Tages die gesamte Welt umspannen. Alles würde besser werden. Der Klimawandel gestoppt. Die Eisbären hätten wieder ihren Platz auf der Welt, den sie seit Jahrtausenden bewohnten, die Ressourcen würden nicht mehr verschwendet.

In diesen Tagen unterstützten Amanda und Fynn auch Experten bei ihren Feldstudien im Gelände. Darunter waren Biologen, die sich vor allem für tote Bäume interessierten, oder Ornithologen, die es sich zur Aufgabe gemacht hatten, die Verbreitung und das Optimieren der Lebensverhältnisse von Weißrückenspechten zu erforschen. Amanda und Fynn erfuhren von Schachtelhalmkolonien, die über 300 Jahre alt waren, sich ausbreiteten wie riesige Teppiche und doch eine einzige Pflanze als Ursprung hatten. Sie hörten von Schluchtgemsen, die abgelegene Bergtäler bevölkerten und die kaum jemand zu Gesicht bekam, weil sie so scheu waren.

Einmal begleiteten sie einen introvertierten Biologen, der sich seit über 30 Jahren mit Pflanzensystemen in Feuchtgebieten beschäftigte. Er hatte 20 Bücher zu diesem Thema geschrieben und galt als Koryphäe auf diesem Gebiet. Als sie ihm durch die Natur folgten, fielen ihnen seine trägen Schritte auf und seine Augen, die stets auf der Suche nach interessanten Pflanzen waren. In seiner Hand hielt er eine Lupe, deren Durchmesser dem eines Fußballs nahekam. In einem Moor sank er unvermittelt auf die Knie und schien Amanda und Fynn, die neben ihm standen, gänzlich zu vergessen. Er bemerkte auch nicht, dass sich seine Hose an den Knien gerade mit Wasser vollsog. Vor seinen Augen hielt er die Lupe und flüsterte mehr zu sich selbst als zu seinen Begleitern: »Immer wieder verrückt, dieser Einfallsreichtum, diese Überlebensstrategien.« Dann, als erwache er plötzlich aus seinen Gedanken, hob er den Kopf. »Das müsst ihr euch ansehen. Es ist unglaublich.«

Durch das Glas entdeckten sie eine blassgrüne Pflanze mit zwei Seitenblättern, die in rötliche Tentakel übergingen und an deren Enden kleine Tröpfchen hingen, die in der Sonne funkelten.

»Ein Spezialist für extreme Standorte, für kargste Lebensbedingungen. Der Sonnentau. Er wartet, bis ein Insekt von seinen glitzernden Tropfen angelockt wird. Die Tropfen täuschen Nektar vor. Ameisen oder Fliegen lassen sich davon blenden. Und zack, werden die Tentakel zu Fangarmen, aus denen es kein Entkommen mehr gibt. Das Tierchen wird in seine Bestandteile aufgelöst und ermöglicht dem Sonnentau, an einem Standort zu überleben, der so sauer ist, dass die meisten anderen Pflanzen, die hier keimen, kurz danach eingehen.«

Amanda und Fynn erfuhren von Dingen, von denen sie bis dahin nicht gewusst hatten, dass es sie überhaupt gibt. Von Hangschluchtwäldern und Tuffquellen etwa oder dem Reich der Pilze, die totes Holz in seine Bestandteile zerlegten und zu Erde werden ließen.

In diesen Tagen verbrachten sie ihre freie Zeit meistens im Haus der Großmutter. Seit er fünf war, besaß Fynn im ersten Stock des Hauses ein gemütliches und ruhiges Zimmer. Es war seit jeher sein sicherer Hafen und Zufluchtsort. Und hier ließ sich bestens studieren, lesen und nachdenken.

Amandas und Fynns Hunger nach Wissen über die Flora und Fauna war riesig. Neben dem Bett türmten sich bald Dutzende Zeitschriften, Facharbeiten und Broschüren. Sie wollten alles über die Natur und ihre Zusammenhänge wissen, denn wie stand es im Vorwort eines dieser Bücher? »Nur was ihr kennt, könnt ihr auch schützen.«

»Sagenhaft«, flüsterte Amanda an einem regnerischen Sonntagvormittag, als sie ihre Beine unter der warmen Decke ausstreckte und ein Buch über die Geheimnisse der Wälder zur Seite legte. »Das glaubst du gar nicht. Wir können so viel von der Natur lernen, Fynn. So viel über unsere Haltung zur Welt. Die Tanne zum Beispiel. Sie kann jahrzehntelang im Schatten eines Waldes stehen und wird dadurch nicht größer als drei, vier Meter. Und obwohl sie beinahe kein Licht bekommt, gibt sie nicht auf. Sie macht schmalste Jahresringe, kleinste Triebe und bildet winzige Wurzeln aus. Aber tief in ihr schlummert eine Kraft, die darauf wartet, dass ein Sturm über das Land zieht oder schwerer nasser Schnee fällt, der sich wie Blei auf die Äste jener Bäume legt, die sich hoch über ihr befinden. Wenn die großen Äste oder Kronen schließlich zu knacken beginnen und abbrechen und sich ein Lichttor öffnet, geschieht es. Die Ereignisse explodieren. Denn kaum spürt die Tanne das Licht über ihrer mickrigen Krone, ist es, als ob ein Schalter in ihr umgelegt worden wäre. Allmählich, aber unaufhaltsam streckt sie die Wurzeln, die Triebe werden länger und länger und die Jahresringe breiter und breiter. In ihrer ganz eigenen Geschwindigkeit schießt sie dem Himmel entgegen und ist in zehn Jahren beinahe so groß wie jene Tannen, die schon immer genug Licht bekamen. Das ist doch unglaublich, Fynn. Diese Strategie könnte eine Metapher für uns alle werden. Nie aufgeben, immer weiter gehen, auch wenn die Schritte noch so klein sind. Und am Ende sieht man das Licht, den Gipfel, das Ziel, man muss nur beharrlich sein und mutig.«

Auf einmal wurde sie still, blickte Fynn tief in seine braunen Augen und sagte: »Glücklicher, als ich jetzt bin, kann ich vermutlich gar nicht mehr sein.«

5. KAPITEL

Um die Bekanntheit der Familie zu steigern, ließ der Verein von einer Werbeagentur ein Logo erstellen. Dieses Logo fand sich später überall auf den Broschüren, an Rednerpulten, wenn Vorträge gehalten wurden, als fixer Bestandteil von Werbungen in Zeitschriften und Magazinen. Es zeigte die Zeichnung einer Gelbbauchunke mit großen, lächelnden Augen, tastenden Schwimmfüßen und strahlendem Mund. Darunter konnte man lesen: »Schenk der Natur ein Lächeln«.

Die Popularität der Familie und ihre Vorbildwirkung waren so groß, dass sich das Vermögen auf dem Vereinskonto bald verdoppelte. Noch im selben Jahr erwarben sie eine 117 Hektar große Feucht-, Streu- und Magerwiese, die sich im Hochgebirge befand. An einem wolkenlosen Oktobertag streiften Amanda, Fynn und einige Mitglieder der Familie durch dieses Gebiet und staunten über die Landschaft mit ihren Sträuchern und Gräsern, deren sommerliches Grün allmählich in ein dunkles Braun überging. Fynn stand mit seinen Gummistiefeln gerade am Rand eines wassergefüllten Moores, in dem sich das tiefe Blau des herbstlichen Himmels spiegelte. Und als er nicht weit entfernt die ockerbraunen Heidelbeerstauden sah, die wie ein riesiger Teppich das Gelände bedeckten, wusste er, dass er genau das immer gewollt hatte. So oft wie möglich in der Natur zu sein und den Rhythmus der Jahreszeiten zu spüren.

Er jauchzte vor Freude. »Halleluja, ist das schön!«, rief Fynn seinen Freunden zu, die sich lachend über seinen Gefühlsausbruch zu ihm umdrehten.

6. KAPITEL

Später würden alle, die dabei gewesen waren, darin übereinstimmen: Es waren diese Augenblicke, diese Minuten, die alles in wahrlich gigantische Sphären katapultiert hatten.

Es geschah bei einem dieser Treffen, die von der Familie alle drei Monate abgehalten wurden. Dabei musste sie von Mal zu Mal in eine noch größere Halle wechseln, da die Familie inzwischen auf über 8.000 Mitglieder angewachsen war und über die Hälfte davon an diesem Abend dabei sein wollte. Sie hatten eine große Tennishalle gemietet, die 5.000 Menschen fasste. Eine Sitzreihe folgte auf die andere und vorn, auf dem Podest, stand ein langer Tisch, der mit einem weißen Tuch bedeckt war. Die Treffen dienten dazu, Projekte vorzustellen, Referenten erklärten Untersuchungen im Schutzgebiet, und es wurden Pläne für die Zukunft erörtert. Aber es gab auch Raum für Visionen, die jeder der Anwesenden vortragen konnte und die realisiert wurden, wenn sie die Zustimmung der Mehrheit fanden. Nach den Berichten wurde ein Scheinwerfer auf ein junges Mädchen mit langen blonden Haaren gerichtet, das eine Jeans und ein weißes T-Shirt trug.

Es stand schüchtern am Rand des Podiums und hielt ein Mikrofon in der Hand, um es dem ersten Visionär zu bringen. Kurz war es still in der Halle. Das Mädchen blickte suchend in die Menge, als sich in der ersten Reihe ein großer, schlanker Mann erhob. Sein Haar war kurzgeschnitten und graumeliert. Er trug einen schlichten schwarzen Maßanzug, ein weißes Hemd und lächelte einnehmend. Er nahm das Mikrofon entgegen und räusperte sich kurz. »Vielen Dank für die Gelegenheit, hier sprechen zu dürfen.« Schon nach dem ersten Satz spürten es fast alle in der Halle. Dieser Mann war außergewöhnlich. »Ich heiße Max Bonnermann«, setzte er fort. »Ich habe lange für eine PR-Firma gearbeitet und dabei Privatpersonen, Firmen und sogar Staaten betreut, um sie in der Öffentlichkeit ins rechte Licht zu setzen. Ich war dabei so erfolgreich, dass ich bis an mein Lebensende nicht mehr arbeiten müsste. Nun, mit Anfang 50, habe ich mir gedacht, dass es an der Zeit ist, höhere Ziele in Angriff zu nehmen. Dass es Zeit ist, ohne finanzielle Gegenleistung zu arbeiten, sondern aus Überzeugung und Leidenschaft etwas Gutes für die Menschheit zu tun. Ich verfolge eure Arbeit schon lange und bin beeindruckt und berührt, wenn ich sehe, mit welchem Enthusiasmus von euch Projekte entwickelt und verwirklicht werden. Und ich spüre eines sofort: Ihr hört auf den Herzschlag der Natur und versucht diesem Herzschlag nachzuspüren. Und ganz ehrlich, das fasziniert mich.«

Er machte eine kurze Pause und oben, irgendwo auf den Rängen, setzte plötzlich Applaus ein, der sich wie eine Welle über die gesamte Halle ausbreitete. Als er leiser wurde, rief eine Frauenstimme: »Max for president!«

Kurz wurde Gelächter laut, und der Applaus schwoll abermals an. Es schien unglaublich. Ein Mann, der nur einige Sätze gesprochen hatte, schien 5.000 Menschen in nur wenigen Sekunden in seinen Bann gezogen zu haben. Max wartete und hob nach einer Weile behutsam die Hand. Der Beifall verebbte sofort. Es war vollkommen still, als Max erneut zu sprechen begann. »Vielen Dank«, sagte er. »Ja, Ich gebe es zu, ich habe etliche Angebote von Naturschutzorganisationen erhalten, aber als ich diese heutige Stimmung miterleben durfte, eure Leidenschaft und eure Hingabe, habe ich sofort gewusst, wenn es irgendwie möglich ist, möchte ich Teil dieser Familie werden.«

Noch an jenem Abend wurde Max Bonnermann mit 98 Prozent Zustimmung in den Beirat der Familie gewählt.

Nach dem Treffen saß ein Teil der Familie in einem Restaurant zusammen. Max sprach gewählt, sehr überlegt und überzeugend. Es ließ sich schwer beschreiben, aber fühlen. Da war etwas Väterliches an ihm, etwas Beschützendes und zugleich Respekteinflößendes. Niemand, der mit ihm sprach, wäre auf die Idee gekommen, ihn zu duzen, obwohl das Du in der Familie sonst üblich war. Und keiner stellte das in Frage oder erhob einen Zweifel.

Als er sich kurz vor Mitternacht verabschiedete, blickten ihm die anderen ehrfürchtig hinterher.

»So etwas habe ich noch nie erlebt«, schwärmte Mia, während sie die Ärmel ihres Pullovers zurückschob. Sie hatte längere Zeit neben Max gesessen und war sehr aufgeregt.

»Schaut euch meine Arme an. Ich habe noch immer eine Gänsehaut. Ich schwöre euch: Als er neben mir saß, habe ich andauernd diese Gänsehaut gehabt.« Sie konnte sich vor Aufregung kaum beruhigen. »Das ist wie Zauberei, wie Magie! Sitzt einfach nur da, und ich bekomme eine Gänsehaut.«

»Jetzt krieg dich wieder ein«, meinte Fynn freundlich.

»Er ist eifersüchtig«, antwortete Mia und stieß Amanda mit den Fingerspitzen schmunzelnd in die Seite.

»Kaum schwärmen wir ein bisschen, wird er eifersüchtig.«

Alle lachten.

»Übrigens«, setzte Mia fort, »findet ihr nicht auch, dass er beinahe so aussieht wie Patrick Dempsey?«

Erneut brachen sie in Gelächter aus, während Fynn mit der Zunge schnalzte und ihr innerlich zustimmte, als er den Kopf schüttelte.

»Was mir aufgefallen ist«, sagte er dann, »habt ihr die goldene Anstecknadel von Birdhelp am Revers seines

Anzugs gesehen? Und das goldbestickte Emblem der WNO? Ich habe vorhin gegoogelt. Ich meine, die World Nature Organisation vergibt dieses Emblem nur an ausgewählte Naturschützer, und es gibt weltweit lediglich 21 Menschen, die diese Auszeichnung bis jetzt erhalten haben. Also, ich glaube, das ist kein großer Fisch, das ist ein Hai, der die einflussreichsten Menschen der Welt kennt.«

»Ich spüre gerade, dass ich Teil von etwas Großem bin«, ergänzte Mia. »Dieser Mann wird unsere Familie berühmt machen. Bald wird sie jeder kennen. Davon bin ich überzeugt.«

»Oh, nicht schon wieder«, unterbrach sie Fynn. Und noch im selben Augenblick dachte er: Verdammt, sie hat recht.

Wie von selbst drang Max in das Zentrum der Familie vor. Manchmal war es beinahe unheimlich. Wenn er einen Raum betrat, der mit Menschen überfüllt war, wurde es plötzlich leise und die Köpfe drehten sich in seine Richtung. Von Anbeginn musste er nicht auf die Mitglieder der Familie zugehen, um ein Teil von ihnen zu werden, sondern die Mitglieder kamen auf ihn zu, um ein Teil von ihm zu werden. Sie fragten nach seinem Rat, nach einem Tipp, nach einer Strategie. Denn es bestand kein Zweifel: Ein Mensch, der zu jenen 21 Personen zählte, die von der World Nature Organisation mit der höchsten Auszeichnung bedacht worden war, die sie zu vergeben hatte, konnte nur kompetent sein.

Einige Wochen später traf sich der innere Zirkel der Familie in einem abgeschiedenen Landhaus. Der Eigentümer des Hauses zählte zu den großzügigen Spendern des Vereins und stellte es ihnen für ein Wochenende zur Verfügung. In dieser kleinen Runde wollte man Max die Gelegenheit geben, seine Visionen genauer zu erklären.

»Ich gebe zu«, sprach er mit einer bewusst leisen Stimme, was die anderen zu absoluter Stille zwang, »früher war ich ziemlich extrem. Als ich noch nicht so besonnen war wie heute, besetzte ich mit radikalen Freunden eine Jugendstilvilla, die für eine exklusive Wohnanlage geopfert werden sollte. Das konnten wir nicht zulassen, denn die Villa war von Otto Wagner, einem der berühmtesten Architekten aus der Zeit des Jugendstils, entworfen worden. Und wir wollten alles dafür tun, um diese wunderschöne Villa zu erhalten. Wir hatten uns mit Vorräten eingedeckt, die es uns ermöglichen sollten, das Gebäude monatelang zu besetzen und Widerstand zu leisten. In einem Raum, in dem sich ein offener Kamin befand, stapelten wir Brennholz, schleppten Paletten mit Reis, Nudeln und Mineralwasser an, denn fließendes Wasser gab es in dieser Villa nicht. Ja, wir konnten sogar eine Regionalzeitung für uns gewinnen, die über uns berichtete und unseren Mut und unsere Überzeugung lobte. Aber spätestens als wir eines Nachts um 4 Uhr in die grellen Scheinwerferaugen von Raupen, Baggern und Lastern blickten, kamen uns erste Zweifel, ob wir unser Ziel erreichen konnten. Als schließlich die Schlägertrupps mit ihren Knüppeln auftauchten, wussten wir, dass wir chancenlos waren. Noch am selben Nachmittag mussten wir tatenlos zusehen, wie ein Kran mit einer schweren Abrissbirne die Wände dieser wunderschönen Villa einriss. Das hat uns sehr traurig gemacht. Es war das klassische Scheitern von Schwachen und Unorganisierten. Wir fühlten uns wie die größten Verlierer aller Zeiten. Ja, das war eine harte Lektion, und sie lehrte mich etwas sehr Essenzielles: Ohne Seilschaften, Beziehungen und Kontakte wirst du immer und überall unterliegen. Es ist wie mit einem Papierschiffchen, mit dem man einen Ozean überqueren will. Man wird versagen und weiß es schon, bevor man den Hafen verlässt.

Ich lernte die Gesetze der Menschen und ich lernte sie gut. Später beriet ich Unternehmen, Politiker, Regierungen und Staatschefs, und meistens gelang es meinem Team und mir, die Meinungen und Ziele unserer Klienten erfolgreich zu vermitteln. Aber irgendwann drängte sich mir beim Umgang mit den Mächtigen dieser Welt ein immer größerer Unmut auf. Ihr herzloses Vorgehen gegen die Natur, ihre rücksichtslose Gier, die sie Regenwälder abholzen und für Uranabbaustätten riesige Wunden in die Landschaft schlagen lässt. Ganz zu schweigen von den radioaktiven Uranwolken, die dabei entstehen und Landstriche auf Jahrhunderte verseuchen. Ich empörte mich über den Klimawandel, das Abschmelzen der Polkappen, das Elend der Eisbären und musste erkennen, dass keine Botschaft, kein Aufschrei irgendetwas zum Guten veränderte. Ja, und dann saß ich eines Abends in einem Flugzeug von Frankfurt nach Bangkok. Ich las in einem Naturschutzmagazin einen Artikel über junge Menschen, die allein mit Spendengeldern ein Moor gerettet hatten, das schon seit Tausenden Jahren existiert. Das faszinierte mich. Ich las über die Erbschaft dieser Witwe, über den Zulauf an Menschen, denen die Natur wichtig ist und die wissen, dass der Planet dünnhäutig und sehr zerbrechlich geworden ist. In Gedanken musste ich euch sofort zustimmen. Wir müssen diesem Planeten wieder Kraft geben und ihn gesund machen. Nachdem ich den Artikel gelesen hatte, machte ich mich sofort schlau, und wenig später stand ich bei euch in dieser Tennishalle. Ja, ich gebe es zu, ich habe große, kühne Visionen. Ich habe in den letzten Tagen viel über dieses Gebiet gelesen. Seine Strukturen, seine Umgebung, seine Bevölkerung. Das Naturschutzgebiet ist von insgesamt sechs Tälern umgeben. Und in jedem Tal fließen wunderbare Bäche und Flüsse. Ihr Wasser ist in den Unterläufen jedoch meistens so verunreinigt, dass nur die widerstandsfähigsten Lebewesen darin überleben können.« Max nahm einen Schluck Wasser und machte eine Gedankenpause. »Ja, eines Tages will ich ein Emblem auf meinen Revers heften, und auf diesem Emblem soll ein wichtiger Satz stehen: ›Das Schutzgebiet der sieben Täler‹. Ja, unser Schutzgebiet soll im Vergleich zu heute die siebenfache Größe erreichen. Das ist mein Ziel.«

Nils, eines der ersten Mitglieder der Familie, hob die Hand. Seine Rastalocken zitterten, als er schüchtern zu sprechen begann: »Max, ich möchte Sie etwas fragen. In diesen sechs Tälern befinden sich Dutzende Bauernhöfe mit Feldern, Wiesen, Äckern und Vieh. Das kann doch nicht einfach so verschwinden. Wie sollen wir so ein Ziel erreichen können? Ist das nicht ein wenig überzogen?«

Max lächelte. »Danke, das ist eine sehr wichtige Frage. Ich habe gerade von Visionen gesprochen. Die Schuhe von Visionen sind stets größer als die Schuhe, in die wir gerade passen.« Max nickte und setzte fort: »Wir allein entscheiden. Wir können an ein Ziel denken und versuchen, es zu erreichen, oder wir denken nicht daran und werden es nicht einmal theoretisch erreichen können, da es in unseren Gedanken keinen Platz dafür gibt. Es liegt an uns, Visionen Leben einzuhauchen. Allein an uns.«

Kaum hatte er den Satz beendet, applaudierte die Menge. Es schien, als wollten sie damit eines deutlich sagen: Mit Max kann das alles möglich werden. Und keiner widersprach.

Als Fynn und Amanda in dieser Nacht nebeneinander im Bett lagen, schüttelte Fynn auf einmal den Kopf. »Ich weiß nicht. Seine Ideen sind manchmal, wie soll ich es sagen …? Verrückt. Ich meine, das Schutzgebiet der sieben Täler. Das ist schon mehr als visionär. Weißt du, was ich gerade gedacht habe?«

Amanda verneinte.

»Vielleicht ist er nur ein ausgezeichneter Blender und zugleich ein Spinner. Vielleicht bläst er nur heiße Luft in unsere Köpfe, und wir merken es gar nicht. Und am Ende sitzt er irgendwo in einem stillen Salon, öffnet eine Flasche Champagner und stößt mit seinen Kumpanen auf unsere Naivität an.«

Amanda widersprach sofort: »Ja, er hat kühne Gedanken. Sehr kühne. Aber müssen wir diese kühnen Gedanken nicht denken, um die Welt zu retten? Wir stehen kurz vor dem Abgrund. Das spüren wir irgendwie doch alle. Die wenigsten tun allerdings etwas dagegen, stimmt's? Wir sind es, Fynn, die vielen Menschen Mut machen und ihnen den Glauben vermitteln, dass wir diese Zerstörung abwenden können, und genau deshalb strömen sie zu uns, weil sie verzweifelt sind und wir ihnen Hoffnung geben. Wir haben eine große Verantwortung, und Max ist getragen von dieser Vision. Wenn ich in seiner Nähe bin, spüre ich diese ehrliche Kraft, die von ihm ausgeht. Das muss unser Ziel sein, eine saubere, schönere Welt, damit unsere Kinder einmal mit Stolz sagen können, unsere Eltern haben alles für diesen Planeten getan. Sie haben auf ihn Acht gegeben. Und übrigens«, flüsterte Amanda ihm zu, »will ich einmal ein Baby von dir.«

»Nur eins?«, fragte Fynn.

»Nein, natürlich mindestens ein Dutzend und ich finde, dass wir heute Nacht damit anfangen sollten, und wenn wir nur erst einmal ordentlich üben.«

»Ich glaube, da kann ich dir helfen.«

7. KAPITEL

»Wir müssen noch einmal ganz von vorne beginnen«, erklärte Max in der nächsten Strategiesitzung. »Wir müssen unsere Abläufe optimieren und alles, was wir tun, bis ins kleinste Detail hinterfragen. Alle, die wie auch immer mit uns in Kontakt kommen, müssen eines ohne nachzudenken sofort und unmissverständlich wissen: Hier sind Experten am Werk. Die besten Experten, die es in ihrem Fach gibt.«

Die 300 Teilnehmer der Sitzung waren verblüfft. Sie hatten bis jetzt doch alles richtig gemacht. Der Verein hatte letzte Woche das 10.000. Mitglied aufgenommen. Das Gebiet war vergrößert worden, zwar nur um einige Hektar, aber es war größer als zuvor, und die Spenden flossen regelmäßig und in so hohen Beträgen, dass ihre Rücklagen stetig anwuchsen.

Max lächelte väterlich. »Ich verstehe euer Misstrauen. Aber lasst es mich euch genauer erklären.« Auf einem Bildschirm über ihm erschien das Logo der Familie, die Zeichnung der lächelnden Gelbbauchunke. »Als ich das Logo zum ersten Mal sah, war mein Gedanke: recht ordentlich. Aber Logos dieser Art gibt es Dutzende Male. Ich habe Experten kontaktiert, herausragende Künstler, und bin auf Jorgo Blanko gestoßen. Einige von euch kennen ihn vielleicht. Er hat einmal eine kleine rosarote quadratische Leinwand ausgestellt – ich glaube, es war in New York –, und bei der Pressekonferenz erklärte er sie zu seinem Lebenswerk. Das fragende Staunen und Achselzucken der Betrachter quittierte er mit seiner bekannt schroffen Art. ›Wer darauf nichts sieht, ist zu dumm für meine Kunst, und wer zu dumm für meine Kunst ist, wird dieses Bild und meine Kunst niemals verstehen.‹ Jorgo Blanko hat unsere Unke adaptiert.«

Ein Bild erschien auf dem Screen. Ein staunendes Oh ging durch die Menge. In fotorealistischer Brillanz war eine Unke abgebildet, aber trotzdem glich das Bild keinem Foto, denn hauchzarte schimmernde Linien und Netzstrukturen verliehen ihm etwas Surreales. Ja, es war noch immer die lächelnde Gelbbauchunke mit ihren Schwimmfüßen, aber gleichzeitig war es vollkommen neu. Unter dem Bild stand in türkiser Farbe ein Wort: »Change«.

Die Teilnehmer applaudierten spontan. Die meisten erhoben sich, einige riefen »Bravo« und pfiffen enthusiastisch.

»So meine ich das«, erklärte Max. »Alles hinterfragen, neu denken und verbessern, falls sich Verbesserungsmöglichkeiten ergeben. Wenn wir Vorreiter für eine bessere Zukunft sein wollen, müssen wir anders sein als die Masse, und wir müssen vor allem eines sein: authentisch.

Echt, zu 100 Prozent echt. Wir müssen konsequent und streng zu uns selbst sein. Wir dürfen keine Halbheiten in uns zulassen. Keine Kompromisse, die uns angreifbar machen. Wer von euch besitzt oder fährt regelmäßig ein benzinbetriebenes Fahrzeug?«, fragte er ohne Übergang.

80, 90 Prozent der Teilnehmer hoben die Hände.

»Danke. Ein Auto stößt im Schnitt 190 Gramm CO_2 aus. Pro Kilometer. Das ist eine enorme Menge. Vom Einfluss der Treibhausgase wie CO_2 auf das Weltklima weiß heute jedes Kind. Von Spinnern, die solche Zusammenhänge leugnen, reden wir nicht. – Wie wollen wir Kritikern erklären, dass wir die Natur schützen und achten, wenn wir mit unseren Fahrzeugen und ihrem CO_2-Ausstoß gleichzeitig dazu beitragen, das Weltklima zu bedrohen oder gar zu zerstören? Das wird uns niemand glauben, und es wird uns zu Recht niemand glauben, weil es verlogen ist. Unsere Visionen erfordern Mut, aber auch Opfer. Wenn wir wirklich überzeugen wollen, müssen wir unsere Überzeugungen auch leben. Wisst ihr was? Letzte Woche habe ich meinen heißgeliebten Volvo 424 verkauft. Mein Plädoyer für eine bessere Zukunft lautet – und ich möchte, dass wir noch heute darüber abstimmen: Innerhalb eines halben Jahres soll sämtlichen Mitgliedern der Familie die Verwendung von kraftstoffbetriebenen Fortbewegungsmitteln verboten werden. Erlaubt sind nur noch E-Mobile, öffentliche Verkehrsmittel und Greenmachines, also Fahrräder.«

Vereinzelt ging ein Raunen durch die Menge.

Max nickte. »Ich frage mich manchmal eines: Was erzählen wir unseren Enkelkindern und Nachfahren, wenn sie einer zerstörten Welt gegenüberstehen und uns fragen: ›Was habt ihr damals gegen den Klimawandel und gegen die Zerstörung der Umwelt getan?‹ Was werden wir ihnen antworten? ›Ach, Liebes, weißt du, wir haben unsere Wagen damals dringend gebraucht, um unsere Kleinen in den Kindergarten und in die Schule zu bringen. Der Weg zur Schule war immerhin einen Kilometer lang, und dann mussten wir ja auch noch einkaufen. Die Supermärkte und Shoppingcenter waren weit entfernt. Wie hätten wir unsere Besorgungen nach Hause bringen sollen? Die Kisten mit Mineralwasser, Fruchtsäften und Bier und die Kohle für den Grill im Garten?‹ Werden wir ihnen das so sagen können? Und werden sie Verständnis für uns haben oder werden sie die Stirn runzeln und die Köpfe schütteln? Wir haben die Wahl. Wir können mickrige Mitläufer bleiben oder ein Vorbild für viele und Verantwortung für diese Welt übernehmen. Ich überlasse diese Entscheidung allein eurem Gewissen.«

Die Abstimmung war eindeutig. 97 Prozent entschieden sich dafür, innerhalb eines halben Jahres kein kraftstoffbetriebenes Fahrzeug mehr zu verwenden. Auf fast allen Gesichtern zeigten sich nach der Abstimmung Zeichen von Erleichterung. Endlich hatten sie es getan. Endlich hatten sie den richtigen Weg eingeschlagen, der wirklich etwas zum Guten veränderte.

»Danke«, sagte Max. »Die Menschen da draußen

müssen überzeugt sein, dass wir es mit unserem Einsatz für die Natur verdammt ernst meinen. Und sie müssen wissen, dass die Natur für uns oberste Priorität hat. Aber niemand soll unsere Überzeugung mit Fanatismus verwechseln. Denn das, was wir ihnen vorleben, ist einzig und allein Ausdruck für restlose Ehrlichkeit und für den Willen, unsere Umwelt zu retten. So sollen und werden es die Menschen dort draußen auch bald verstehen – und ich garantiere euch eines: Sie werden uns glauben.«

In den folgenden Wochen und Monaten wurde die Familie von einem wahren Tatenrausch erfasst. Man sah ihre Mitglieder beinahe überall. Sie bevölkerten Fußgängerzonen, Parks und Einkaufszentren. Sie verteilten Flyer, Sticker, Wimpel und Fähnchen.

Einige Aktivisten der Familie platzierten vor der Einfahrt eines Autobahntunnels ein Transparent, auf dem stand: »Weshalb verschmutzt du die Umwelt?« Mit Schablonen wurden Graffiti der Gelbbauchunke an Wände gesprüht und daneben Sätze wie »Natur zuerst«, »Change« oder »Du bist nicht mehr allein«.

Die Mitgliederzahlen stiegen in den folgenden Monaten rasant an und lagen bald bei über 17.000. Die Spenden nahmen zu, und heimische Fernsehsender berichteten von den führenden Mitgliedern der Familie wie über Popstars.

In einer geheimen Sitzung verteilte Max an radikale

Mitglieder der Familie Listen, auf denen Automobilmarken angeführt waren und in absteigender Reihenfolge ihr Treibstoffverbrauch auf 100 Kilometer. Einige Tage später sah man in den großen Städten des Landes Wagen, deren Seiten- oder Windschutzscheiben mit Sprüchen in grellorange Farbe besprüht waren, die Auskunft über den Benzinverbrauch des jeweiligen Wagens gaben. »12 Liter auf 100 Kilometer – mir doch egal.« Oder »14 Liter auf 100 Kilometer – liebe Natur, ich kann mir das leisten«. Und: »Ich habe es eilig!« Oder »15 Liter auf 100 Kilometer. Ich bin ein Verbrecher, aber keiner weiß es«.

Aktivisten, die bei ihren Taten ertappt wurden, leugneten einen Bezug zur Familie zu haben, und die Familie selbst leugnete ein Naheverhältnis zu den Tätern ebenfalls. Ja, sie verurteilte diese Aktionen sogar öffentlich.

Als Fynn und Amanda die ersten besprühten Autos sahen, fanden sie, dass einige Mitglieder der Familie in ihrem Fundamentalismus zu weit gingen. Sie waren entrüstet, als sie später von Gerüchten erfuhren, dass ertappte, angezeigte und verurteilte Sprayer kurz nach ihrer entdeckten Tat orange Kuverts in ihren Briefkästen vorfanden, in denen sich so hohe Geldbeträge befanden, dass damit die Anwalts- und Strafkosten mehr als abgedeckt waren.

Die Verurteilten wurden später vor den Gerichtsgebäuden sogar mit Transparenten empfangen und gefeiert wie Helden.

Diese drastischen Aktionen hatten jedoch unübersehbare positive Folgen für die Natur. Innerhalb eines halben Jahres brachen die Verkaufszahlen von SUVs und anderen Großwagen um über 30 Prozent ein. Große Automobile zu fahren war plötzlich vollkommen aus der Mode geraten, und ihre Lenkerinnen und Lenker wurden auf offener Straße ausgebuht und lächerlich gemacht. Zugleich sank der CO_2-Ausstoß in einigen Städten um bis zu sieben Prozent. Das waren schlagende Fakten, gegen die man schwer argumentieren konnte.

8. KAPITEL

Es war ein Samstagabend im Mai. Der Himmel war wolkenlos und die Luft warm. Das Gras stand kniehoch, und die Blätter der Bäume glänzten blassgrün. Die Abendsonne tauchte die Landschaft in ein weiches Licht und umgab alles, was ihre Strahlen erfasste, mit langen Schatten. Der Sternmarsch war bestens vorbereitet.

Am Nachmittag zuvor hatte Max den Teilnehmern bei einer kurzen Kundgebung eine wichtige Botschaft mit auf den Weg gegeben: »Geht in euch. Denkt nach! Über die Natur, ihre Schönheit und daran, wie wir diese Schönheit bewahren können. Geht in euch und schweigt.«

Der Marsch wurde von sieben Orten, die auf einen Mittelpunkt zuliefen, gestartet. In langen Reihen gingen die Menschen über Feldwege und schmale Waldpfade durch hügeliges Gelände. Das Wenige, was man hörte, war der gleichmäßige Takt der Schritte, das Rauschen des Grases, wenn Beine vorbeistreiften, und das Knacken von Ästen. Sonst war es vollkommen still. Alle schwiegen. Der Tag neigte sich bereits dem Ende zu, als die Menge eine Wiese und einen grünen Hügel erreichte, auf dem eine 1.000-jährige Eiche stand.

Immer mehr Menschen fanden sich ein und bildeten einen großen mehrreihigen Kreis um den Baum. Inzwischen war es dunkel geworden, erste Windlichter und Fackeln wurden entzündet. Und obwohl sich so viele Personen versammelt hatten, sprach keine von ihnen auch nur ein einziges Wort.

Kamerateams von Regionalsendern hatten sich ebenfalls eingefunden, und einer der Sender übertrug Ausschnitte dieser Mahnwache sogar live.

Am Nachmittag zuvor hatte Max einigen Journalisten Fragen beantwortet und die Beweggründe für diese Aktion genannt. »Wir wollen ein Zeichen setzen, ohne zu sprechen«, hatte er erklärt. »Wir wollen unsere ehrfürchtige Verbundenheit mit diesem Baum zum Ausdruck bringen, der für uns an diesem Abend stellvertretend für die gesamte Natur steht. An eines wollen wir dabei vor allem denken: Wir werden das Erbe unserer Vorfahren bewahren, es schützen und mit allen uns zur Verfügung stehenden Mitteln verteidigen.«

Immer mehr Fackeln brannten. Schließlich trat Max aus dem Kreis und legte zwischen zwei kräftigen Wurzelarmen des Baumes einen Blumenkranz aus roten Rosen nieder. Auf der weißen Binde schimmerte das neue Logo der Familie. Daneben war ein einziges Wort zu lesen: »Change«. Mit gesenktem Kopf stand Max vor dem Baum, faltete die Hände und murmelte ein Gebet.

Die Menschen schwiegen weiterhin. Nur das leise Rauschen der Blätter in der Baumkrone war zu hören.

Inzwischen brannte ein ganzes Meer aus Lichtern. Die Flammen zitterten leicht und warfen unruhige Schatten.

Eine Moderatorin hielt sich etwas abseits der Mahnwache und flüsterte in ihr Mikrofon. An den Gesichtern der Teilnehmer, die von der Kamera eingefangen wurden, konnte man ablesen, dass sie felsenfest an ihre Sache glaubten, an die Kraft, die dem Menschen innewohnt, und an die Hoffnung auf eine bessere Welt. »Ich muss zugeben, diese Stille ist beinahe gespenstisch«, erklärte die Moderatorin sichtlich gerührt und sprach so andächtig, als berichte sie von einer Feldmesse. »Schon seit einer Stunde verharren die Naturschützer vor der majestätischen Eiche, die schweigend auf dieses hundertfache Licht aus Kerzen, Fackeln und Laternen blickt und trotzdem so viel zu sagen hat. Eines steht für mich fest: Das hier ist die größte Stille, die ich jemals erlebt habe.« Als die Kamera ihr Gesicht und den Glanz in ihren Augen einfing, wussten die Zuschauer, dass auch sie von diesem Ereignis tief ergriffen war.

9. KAPITEL

Die Familie erklomm eine Erfolgsstufe nach der anderen. Mit einer Beharrlichkeit, die man bisher noch nicht gesehen hatte. Das folgende Projekt war das größte, das die Familie seit ihrem Bestehen in Angriff nahm. Es war kühn und mutig und viele wollten daran teilhaben.

Die Tennishalle war bis auf den letzten Platz besetzt. Der Andrang zu diesem Quartalstreffen war so groß, dass man auf dem großen Freigelände vor der Halle sogar eine Leinwand aufstellen musste, damit auch die 2.000 Mitglieder, die keinen Platz in deren Innern gefunden hatten, dabei sein konnten.

Dann sahen sie eine Großaufnahme von Max. Spontan brach Jubel aus. Er winkte und wirkte sehr entspannt, so, als wäre er solche Auftritte gewohnt, und zugleich war da dieses Väterliche und Vertraute, das er ausstrahlte.

»Ich bin gerührt«, sagte er. »Und ich bin stolz, dass so viele von euch da sind. Wenn ich euch hier sehe, weiß ich, dass wir unser Ziel erreichen. Jeder gerettete Quadratmeter Natur zählt. Das ist das Einzige, was ihr heute mit nach Hause und mit in den Schlaf nehmen sollt. Und mit dem Plan, den einige der besten Strategen der Gegenwart für uns ausgearbeitet haben, können wir der

Verwirklichung unserer Träume ein deutliches Stück näher kommen. Und eines dürfen wir nie vergessen: Jeder Quadratmeter, der uns gehört, gehört am Ende wieder der Natur. Ja, ich weiß«, sagte er nickend, »ich könnte heute im Vorstand eines großen Konzerns sein, und wäre mein Einsatz groß genug, bekäme ich jedes Jahr hohe Boni. Aber es wäre nichts gegen das, was ich mit euch erleben und empfinden darf. Und es wäre nichts gegen die Ziele, die wir erreichen wollen. Ja, wir werden diese Natur retten!«

Tosender Applaus brach aus und ein Jubel, der minutenlang andauerte.

»Ich gebe es offen zu. Das, was wir tun, hat mit der Philosophie großer Konzerne etwas Wichtiges gemein. Aber unsere Beweggründe unterscheiden sich wesentlich von den Beweggründen eines Konzerns. Wir tun dies alles nicht wegen des Geldes«, erklärte Max. »Geld ist für uns nur das Vehikel, um noch mehr Gebiete zu schützen. Vergesst das nicht. Jeden Quadratmeter, den wir kaufen, gewinnen wir für die Tiere und Pflanzen, die dort leben, zurück. Ich denke dabei an jede Pflanze und jedes Tier. Kleinste Gräser, Moose, Flechten, Würmer, Pilze, Mikroben. Wir haben es in der Hand, Mehr Platz für eine unberührte Flora und Fauna zu schaffen, damit sie sich wie früher frei und natürlich entwickeln kann. Und wenn ihr morgen früh in euren gelben Overalls loszieht, um Spenden zu sammeln, dürft ihr eines nie vergessen: Es liegt allein an unserem Einsatz und nur an unserem Einsatz, ob wir unser Ziel erreichen. Ich weiß, die Welt blickt auf uns, das spüre ich seit Langem. Sie zählt auf uns. Und alle da draußen wissen eines ganz genau: Wir sind ihre letzte Hoffnung. Also gebt euer Bestes.«

Erneut brach ein tosender Applaus los und hallte durch die Halle. Von draußen hörte man frenetischen Jubel und wie im Chor das Wort »Change, change, change!«

Tausende Mitglieder der Familie strömten am nächsten Tag in ihren knallgelben Overalls, die man eigens für diese Aktion hergestellt hatte, in die Städte und Orte des Landes.

Sie klingelten an jedem Haus und an jeder Wohnung. Sie hatten Listen dabei, Sticker und Broschüren. »Machen wir das Paradies größer«, stand darauf.

»Das ist eine tolle Sache«, erklärte eine alte Frau mit lockigem grauem Haar an ihrer Wohnungstür. Ihre Hände zitterten ein wenig, aber sie strahlte, als sie die zwei jungen Mädchen in ihren gelben Overalls vor sich stehen sah. »Ich habe euch schon erwartet. Gestern stand es in der Zeitung. Ihr wollt für uns alle die Natur retten. Das finde ich großartig. Wie alt seid ihr? Lasst mich raten, 17, 18?«

Die beiden Mädchen schüttelten den Kopf. »16.«

»16 Jahre. So jung. Ich bin so stolz auf euch.« Während sie weitersprach, zeichnete eines der Mädchen mit weißer Kreide das Datum und die drei Buchstaben GBU auf den Türstock.

»Das ist die Abkürzung für Geldbauchunke«, erklärte es.

»Toll«, sagte die alte Frau. »Wisst ihr, was ich gestern dachte?« Ohne eine Antwort abzuwarten, setzte sie fort: »Wir Erwachsenen sollten uns für die Umweltverschmutzung, die wir angerichtet haben, schämen. Ihr seid unser Vorbild, ihr lebt uns das ideale Leben vor. Ich gebe zu, wir waren damals zu schwach und zu egoistisch, und mir geht das Herz auf, weil ich durch euch daran glauben kann, dass noch nicht alles verloren ist.«

Sie drückte einem der beiden Mädchen zwei Geldscheine in die Hand, und das andere Mädchen notierte auf einer Liste den Namen, die Adresse und die Höhe der Spende.

Zufrieden zeigte die alte Frau auf den Türstock und lächelte. »Ist ein gutes Gefühl, dass es sogar an der Eingangstür festgehalten wird. Jedes Mal, wenn ich davorstehe, werde ich mir sagen: ›Bernadette, du hast einen Beitrag geleistet. Einen kleinen. Aber du hast ihn geleistet.‹«

Die Jugendlichen nickten. »Und jeder weiß, hier wohnt jemand, der ein Herz für unsere Umwelt hat.«

»Ja«, sagte die Frau, »aber ich will euch nicht aufhalten. Ihr habt sicher noch einen weiten Weg vor euch und eine wichtige Mission.«

Die beiden bedankten sich und zogen weiter.

Bald waren die Kreideaufschriften fast überall zu sehen. Und in den Vorgärten der Häuser wehten kleine Fähnchen mit dem Abbild der Gelbbauchunke im Wind. Auch hier lebten Menschen, denen die Natur wichtig war. Als die Sammler dem letzten Haus oder der letzten Wohnung in einer Straße oder Gasse einen Besuch abgestattet hatten und sie auf dem Rückweg an zahlreichen Stellen ihr Logo mit der Gelbbauchunke sahen, waren sie stolz. Mit dem gesammelten Geld würden bald viele Quadratmeter Naturlandschaft gekauft werden, und das war ein sehr gutes Gefühl.

Als Max zwei Wochen später die riesige Summe, die gesammelt worden war, auf Instagram postete, löste das große Begeisterung aus. In einer kleinen Runde, die von Euphorie getragen wurde, erklärte Max jedoch: »Wir sind noch nicht am Ziel. Ihr erinnert euch sicher an meinen Traum, an das Schutzgebiet der sieben Täler. Ich habe mir lange überlegt, ob ich diesen Gedanken überhaupt aussprechen darf, und fand am Ende: Ja, ich muss es tun, denn wir haben nur diese eine Natur, und manchmal habe ich Angst, dass uns die Zeit zwischen den Fingern davonrieselt. Ich habe mich in den letzten Wochen intensiv mit Juristen unterhalten. Ich habe das Vermächtnis der Witwe genau studiert, und die Experten haben meine Gedanken bestätigt.« Er machte eine kurze Pause und zeigte danach auf einem Bildschirm eine lange Tabelle mit Zahlen und Abkürzungen. »Wir haben im

Schutzgebiet etliche Wasseruntersuchungen durchführen lassen. Einige Quellen weisen hohe Bestandteile an Mineralstoffen und Spurenelementen auf. Das Wasser ist von so hoher Qualität, dass es sogar als Mineral- oder Heilwasser anerkannt würde.« Nun zeigte er ein kubisches Modell, das zum Großteil im Erdreich verborgen war. »Ihr seht hier das Modell eines Stahltanks. Er misst real lediglich fünf mal acht Meter und ist von einer begrünten Erdschicht bedeckt. Das Einzige, was man oberirdisch ausmachen kann, ist das da.« Er zeigte auf eine kleine, rechteckige Fläche. »Ist nicht größer als ein Fenster. Wir haben die Kapazitäten der einzelnen Quellen geprüft. Aus ihnen sprudeln jährlich über zwei Millionen Liter Wasser, wovon die Hälfte versickert, in die nächsten Bäche fließt und über Umwege schließlich ins Meer. Wir könnten 1.000.000 Liter bedenkenlos als kostbares Wasser verkaufen und mit dem Geld viele, sehr viele Quadratmeter Natur zurückerobern. – Ich weiß«, begegnete er skeptischen Blicken in der Runde, »meine Strategie ist kühn und oberflächlich betrachtet vielleicht etwas irritierend. Aber wenn wir größer denken und das Ziel im Auge behalten, macht es unbedingt Sinn.«

Max sah die nachdenklichen Mienen seiner Zuhörerinnen und Zuhörer. Es schien, als hätte er von vornherein mit Widerstand gerechnet. »Ich will euch nicht überrumpeln. Es ist ein zu großer Schritt, um vorschnell darüber zu entscheiden. Denkt in aller Ruhe darüber nach. Wir stimmen nächste Woche darüber ab, nachdem jeder sein Für und Wider abgewogen hat.«

Lange saßen Fynn und Amanda an diesem Abend an Großmutters Küchentisch und tranken mehrere Gläser Merlot, während sie ausführlich diskutierten. Die Großmutter hantierte am Herd und warf hin und wieder einen Satz in das Gespräch ein. »Ihr müsst beide Seiten bedenken«, sagte sie etwa oder: »Schlaft eine Nacht darüber, bevor ihr euch entscheidet.«

»Das geht nicht«, erklärte Fynn. »Das widerspricht den Grundsätzen des Erbes. Keine Anlage auf dem Gebiet. Egal, was mit dem Profit auch geschehen mag.«

»Ich habe mich in den letzten Stunden eines gefragt«, entgegnete Amanda, »was würde Frau Weller sagen, wenn wir erzählten, dass die Natur der alleinige Profiteur dieser Aktion sein wird? Wenn sie jetzt hier säße, bin ich mir sicher, dass sie unseren Plänen zustimmen würde, weil sie einleuchtend sind und Sinn machen. Am Ende gewinnt das, wofür sie uns das Erbe vermacht hat, am Ende gewinnt die Natur. Sie gewinnt sich selbst zurück. Wir schaden ihr dadurch nicht, wenn wir davonfließendes Wasser verkaufen, um das Paradies zu vergrößern. Wir fördern das Gute. Quadratmeter um Quadratmeter. Wir müssen größer denken, Fynn. Nicht an morgen, sondern an übermorgen, an die nächsten 10, 20 Jahre.«

Das Ergebnis der Abstimmung war überwältigend. 87 Prozent stimmten für die Errichtung der Abfüllstation, die über eine schmale, 400 Meter lange Zufahrtsstraße erreicht werden sollte. Schon einige Wochen später wurde die Anlage unter größter Sorgfalt errichtet. Nachdem alles wieder begrünt war, konnte man in der Landschaft lediglich einen kleinen Hügel ausmachen, der sich so harmonisch in das Gelände einfügte, dass ein Außenstehender niemals auf den Gedanken gekommen wäre, dass sich darunter irgendein Bauwerk befinden könnte.

Zwei Monate später erschienen in exklusiven Hochglanzmagazinen Werbungen mit der Abbildung einer goldenen Flasche, auf der in türkisblauer Schrift das Wort »HEAVEN« stand, und darunter der Satz: »Vermutlich das kostbarste Wasser der Welt«.

Der Erfolg war überwältigend. Er nahm solche Ausmaße an, dass zwei Dutzend Mitarbeiter eingestellt werden mussten, um die Bestellungen und den Versand zu abzuwickeln.

Die 0,5-Liter-Flaschen wurden nur einzeln abgegeben und in einem mit Holzwolle ausstaffierten Weidenkistchen versandt. Alles sah sehr edel aus. So, als ob sich in dieser Verpackung teuerster Champagner oder Whisky befände. Der Verkauf boomte. Überallhin wurde das himmlische Wasser verkauft, in sämtliche Staaten Europas, nach Russland, China, in die USA und sogar auf die Fidschi-Inseln mitten im Pazifik. In gehobenen Restaurants und Clubs wurde bald ausschließlich dieses Wasser zum Verkauf angeboten. Und an deren Eingangstüren klebten edle Sticker in Gold und Türkis, auf denen stand: »Heaven – wir retten die Welt«.

10. KAPITEL

Quadratmeter um Quadratmeter. Was im Kleinen und Überschaubaren möglich war, schien sich im Großen nicht realisieren zu lassen.

»50 Jahre«, erklärte der Klimaexperte Schimmelpfennig den anderen Gästen der Gesprächsrunde und allen Zuschauern der Fernsehdiskussion, die unter dem Titel »Klimaapokalypse« stand. »Spätestens in 50 Jahren haben wir den Kredit bei unserem Planeten aufgebraucht. Wir können das exakt berechnen. Es sind 770 Milliarden Tonnen CO_2, die wir der Erde noch zumuten können. Ich will mir nicht vorstellen, welches Höllentor sich danach öffnet, sozial, ressourcen- und umwelttechnisch. Es wird ein Krieg, den wir schon in dem Augenblick verloren haben werden, in dem er beginnt.«

Alle schwiegen betreten, die anwesenden Biologen, der Kardinal, der die Position der Kirche vertrat, und der Moderator selbst.

»Aber noch haben wir den Rubikon nicht überschritten«, erklärte der Kardinal. »Und manchmal erwacht in mir die Hoffnung, wenn ich junge Menschen sehe, die für die Umwelt und das Klima demonstrieren, oder wenn ich an diese Naturschutzorganisation denke, Die sich nicht beirren lässt von der Bequemlichkeit und Resignation, die sich in vielen von uns eingenistet hat. Diese Naturschutzfamilie, die vor drei Jahren klein begonnen hat und seither mithilfe von Spenden den Lebensraum für eine unberührte Flora und Fauna kontinuierlich vergrößert. Diese Initiative ist beispiellos, und wie der Zulauf bestätigt, wird diese radikale Ehrlichkeit im Umgang mit Ressourcen und der Umwelt von der Bevölkerung auch honoriert. Wir sollten uns ein Beispiel an Max Bonnermann nehmen. Er erscheint uns wie ein Hirte, der seine Schafe auf eine grüne Aue führt. Die Welt braucht mehr Männer wie ihn. Dann könnte die Abwärtsspirale gestoppt und der graue Planet wieder ein blauer werden.«

Das Echo dieser Worte war groß. Das Lob, das Max erhielt, nahm in den folgenden Wochen weiter zu. Wie ein Held blickte er vom Cover vieler Magazine, Zeitschriften und Boulevardblätter. »Hope«, stand auf einer Titelseite und »Change« auf der anderen. Eine Zeitung stellte ihn sogar mit einem Heiligenschein dar und nannte ihn »unseren neuen Messias«.

Im selben Jahr erhielt er den mit zehn Millionen Dollar dotierten »One World Nature«-Award. Es war die höchste Auszeichnung, die für engagierte Naturschützer weltweit vergeben wurde.

In einer Nachrichtensendung des Hauptabendprogramms wurde Max direkt von der Preisverleihung zugeschaltet. »Gratulation, Herr Bonnermann, für diese hohe Auszeichnung. Was uns alle interessiert, ist, was treibt Sie an, sich so für die Natur aufzuopfern?«, fragte der Moderator.

Max nickte zweimal und begann: »Es ist ganz einfach. Wir, die Mitglieder der Familie, betrachten die Natur als ein Familienmitglied und sehen es als unsere Pflicht an, dafür zu sorgen, dass es ihm gut geht. Wir alle müssen endlich begreifen, dass wir nur eine einzige Natur haben. Wer sie nicht schützt, schützt letzten Endes auch sich selbst nicht, denn wir sind ein Teil von ihr. Sehen Sie, wir Menschen bestehen etwa zu zwei Dritteln aus Wasser, als Ungeborene sogar bis zu 90 Prozent. Wenn wir auf unsere Quellen und unser Wasser nicht achtgeben, verschmutzen wir das, woraus wir selbst bestehen. Und wer die Natur sozusagen auf die Mülldeponie der Geschichte kippt, kippt am Ende sein eigenes Leben dorthin. Und dann stehen wir in jener Kloake, die wir selbst geschaffen haben. Es ist unsere heilige Pflicht, genau das zu verhindern.«

Der Moderator stellte anerkennend fest: »Zehn Millionen Dollar. Das ist eine Menge Geld. Was werden Sie damit anstellen?«

»Wir, die Familie und ich, haben in der letzten Zeit hart und bis zur Erschöpfung für unsere Natur gearbeitet. Und wir werden nicht müde, es weiter zu tun. Millionen von Spenden haben wir auf mühevolle Art gesammelt, um Paradiese für Tiere und Pflanzen auferstehen zu lassen. Mit dem Preisgeld werden wir genauso verfahren. Quadratmeter um Quadratmeter in paradiesische Zustände verwandeln.«

»Vielen Dank, Herr Bonnermann, für Ihre Zeit und Ihre Worte und alles Gute für Sie und Ihre Familie.«

Dann wurde Max ausgeblendet. Der Moderator neigte seinen Kopf leicht nach vorn und erklärte mit ruhiger und sonorer Stimme: »Wissen Sie, liebe Zuschauerinnen und Zuschauer, solche Gespräche berühren mich. Chapeau, sage ich da. Chapeau vor jenen Menschen, die uns in Hinblick auf unseren Pessimismus eines Besseren belehren. Chapeau vor jenen, die für uns die Zuversicht und Hoffnung dieser klimagebeutelten Welt hochhalten. Danke an Max Bonnermann und seine Familie, die sich so beharrlich für die Natur einsetzt.«

Die Unterstützer und Fürsprecher der Familie nahmen weiter zu. Die Spendeneinnahmen wuchsen, und große Naturschutzorganisationen wurden neidisch, wenn in Zeitungen über das exorbitante Vermögen geschrieben wurde, das bei der Familie schon eingegangen war. Erbschaften wurden ihr vermacht von Menschen, die am Ende ihres Lebens ein schlechtes Gewissen plagte. Oft stammte das Geld von sehr Wohlhabenden. Von Vorstandsvorsitzenden gigantischer Ölkonzerne, von Kohlemagnaten und anderen, die achtlos mit der Natur umgegangen waren. Es schien, als glaubten sie, dadurch wenigstens einen Teil des Unheils, das sie an ihr angerichtet hatten, wiedergutzumachen.

Und die Familie kaufte. Sie kaufte jede Fläche, die ihnen in den sieben Tälern angeboten wurde. Sie kaufte aufgelassene, verwilderte Felder, auf denen sich wie hingestreut Inseln aus Sträuchern und dornigem Gebüsch vermehrt hatten. Moorflächen, Talschlüsse, abgelegene Seitentäler, in die kaum einmal jemand gelangte, in die keine Straßen führten und wo höchstens einige verwaiste Alphütten standen. Sie kaufte sogar steile Geröllschutthalden, Rutschhänge im Hochgebirge, auf denen nur die widerstandsfähigsten Flechten und Moose wuchsen. Nur manchmal war es ihr möglich, größere zusammenhängende Flächen zu erwerben. Auf den Luftbildern sahen die rotmarkierten Flecken, die das Eigentum der Familie darstellten, aus wie Masern. Wenn die Familie ein neues Gebiet erworben hatte, das sich irgendwo weit entfernt von den anderen befand, lächelten einige und meinten – und dieser Satz wurde bald zum Running Gag – »Langsam, aber sicher masern wir uns«.

»Wir werden diese Gebiete eines Tages vereinen«, versprach Max mit großer Zuversicht. »Der Weg dorthin ist noch weit, aber wir werden ihn fortsetzen, bis wir unser Ziel erreichen.«

Und die meisten der Familie glaubten ihm.

»Eines Tages«, sagte Amanda, »werden wir uns eine goldglänzende Anstecknadel anheften, auf der steht: ›Das Schutzgebiet der sieben Täler‹.«

»Ja«, bestätigte Fynn, »ich weiß zwar nicht, wie das funktionieren soll, aber ich weiß, dass es irgendwann so sein wird.«

Der Erfolg der Familie war beeindruckend. Immer mehr Menschen ahmten ihr Vorbild nach, verkauften ihre Autos, legten sich E-Mobile oder Fahrräder zu und verzichteten darauf, mit dem Flugzeug zu fliegen.

Um an noch mehr Land zu kommen, organisierte die Familie drei Scouts, die nichts anderes taten, als sich umzuhören, ob ein Landwirt in Zahlungsnot geraten war oder wo eine Erbgemeinschaft Grund veräußern wollte. Der Schutz jedes Ökosystems war beinahe heilig und für die Familie von so großer Wichtigkeit, dass sie großzügig, manchmal sogar weit überteuerte Quadratmeterpreise dafür bezahlte.

Bauern, die Äcker und Felder pachten oder verfügbaren Grund erwerben wollten, gerieten immer mehr in Aufruhr. Wie konnte ein Landwirt unter diesen Bedingungen überleben? Das Verhalten der Familie musste unterbunden werden, tobten viele. Beste Wiesen und Ackerflächen verwilderten. Mäuseplagen grassierten. Hasen, Krähen und Rehe plünderten die Wiesen und Felder.

Dutzende Betroffene parkten an einem Montagmorgen ihre Traktoren vor dem Regierungsgebäude der Hauptstadt und protestierten mit selbstbemalten Tafeln gegen den Ausverkauf der Landschaft, der ihre Existenz zunehmend bedrohte.

Kritische Landwirtschaftsökonomen wandten in zahlreichen Artikeln und Interviews jedoch ein, dass die von einigen praktizierte Form der Landwirtschaft nicht mehr zeitgemäß sei. Vorbei sei die Ära der umweltschädigenden Landmaschinen, die wie mutierte Zombies durch die Gegend fuhren, vorbei die Zeit der Rundballen, die wie Schandmale auf den gemähten Wiesen lagen, vorbei die Ära der Massentierhaltung und das Hochzüchten des Viehs mit Mastmitteln und Silofutter. Auch die Landwirte müssten sich besinnen. Überschaubare Flächen bewirtschaften, sorgsam mit der Natur umgehen und auf jegliche Form von Pestiziden verzichten, um biologische Lebensmittel und hochwertiges Fleisch zu produzieren. Diese Produkte seien teurer, aber sie würden von bewusst lebenden Menschen auch gekauft.

Für eine kurzfristige Aufregung sorgte in diesen Tagen der Artikel eines Investigativjournalisten, dem Unterlagen zugespielt worden waren, aus denen hervorging, wie viele Flächen die Familie in den letzten Jahren erworben und vor allem, wie viel sie dafür bezahlt hatte. Alle großen Zeitungen des Landes hatten sich geweigert, die Story zu drucken. Man wolle sich nicht mit hässlichen Gerüchten und Verschwörungstheorien beschäftigen, hieß es beinahe einhellig. Letztlich fand sich eine kleine Regionalzeitung, die den Beitrag veröffentlichte.

Wie könne es sein, fragte der Journalist in seinem Bericht, dass die Spendeneinnahmen lediglich einen

Bruchteil von dem ausmachten, was die Familie für die Grundstücke ausgegeben habe? Woher stamme das viele Geld und weshalb gebe man so viel davon für oft wertlose Flächen aus? Das ergebe vordergründig keinen Sinn. Welche Ziele verfolge die Familie tatsächlich?

Die Familie reagierte weder auf den Bericht noch auf kritische Nachfragen. Und so verblasste der Wirbel um den Artikel, bevor er groß zu werden drohte. Ja, er ging in der Masse der Lobeshymnen für die Familie gänzlich unter und wurde in weiterer Folge von niemandem mehr aufgegriffen oder diskutiert.

Die Welle des Erfolges trug die Familie in immer höhere Sphären. Abordnungen von Regierungen erschienen und wollten mehr über die Strategie erfahren, die von der Familie so erfolgreich umgesetzt wurde. Ein Naturschutzexperte, der zugleich einer der berühmtesten Literaturkritiker des Landes war, verglich die Hingabe der Familie in einem Artikel mit einer Erzählung des französischen Schriftstellers Jean Giono. Sie wurde vor langer Zeit unter dem Titel »Der Mann mit den Bäumen« veröffentlicht und erzählt die Geschichte eines einfachen Schafhirten aus der Provence. Die Gegend, in der er seine Schafe hütete, war so trocken, dass das Gras schon im Frühsommer verdorrte und die Bäche die meiste Zeit des Jahres über trocken lagen. Fast alle Menschen, die hier in verstreuten Dörfern beheimatet waren, hatten ihre Häuser wegen der Trockenheit schon vor Jahren verlassen.

Und genau in dieser unwirtlichen Landschaft pflanzte der Schafhirte Tag für Tag 100 Baumsamen. Mit großer Geduld und leidenschaftlicher Hingabe bedeckte er Eicheln, Bucheckern, Kiefernsamen mit Erde und tränkte sie mit Wasser, das er von einem kilometerweit entfernten Ziehbrunnen heranschaffte. Seine Mühe hatte Erfolg. Die Bäume wuchsen, wurden größer und am Ende bedeckte ein riesiger Wald das Gebiet. In den Bächen kehrte das Wasser zurück, und nach einiger Zeit sah man wieder weißgekalkte Häuser und ziegelgedeckte Dächer. Einige Menschen hatten ihre alten Häuser saniert und waren zurückgekehrt. Und nachts hörte man in den Dorfbrunnen das Plätschern von Wasser. So komme ihm die Familie auch vor. Wie leidenschaftliche Schafhirten, die ihren Weg gingen und sich durch nichts beirren ließen.

Die Sehnsucht vieler Menschen, das Gebiet der Familie selbst zu sehen, wurde in diesen Tagen immer größer.

»Ich finde, dass es denjenigen, die uns mit so vielen Spenden bedenken, erlaubt sein sollte, den Erfolg, den sie ermöglicht haben, zu sehen«, erklärte Max bei einer Versammlung der Familie.

Die Zustimmung der meisten Vereinsmitglieder hielt sich jedoch in Grenzen. Das führe zu unnötigen Beunruhigungen der Flora und Fauna, argumentierten die einen. Das Gebiet verkomme zu einem Tierpark und Zoo, kritisierten die anderen.

Trotzdem stimmte die Familie über eine Teilöffnung des Gebietes ab. Und zur großen Überraschung wurde sie mit 52 Prozent Befürwortern angenommen.

Aber die Familie setzte sich selbst hohe Vorgaben. So mussten sämtliche Begehungssteige, Wege und Aussichtsplätze händisch angelegt werden. Außer Schaufeln, Pickeln und Schubkarren waren keine technischen Hilfsmittel erlaubt. Zudem sollte nur eine kleine Randzone für Gäste zugänglich gemacht werden. Ein halbes Jahr später wurde der Besucherbereich eröffnet. Täglich parkten Dutzende Busse auf dem gekiesten Platz vor dem Schutzgebiet, und Tausende Menschen betrachteten die Landschaft, die sich weit bis zum Horizont erstreckte. Um den Ansturm zu bewältigen, mussten Führer angestellt werden. Biologiestudenten, Absolventen von Naturpädagogikschulen, Förster und all jene, die qualifiziert waren, den Besuchern die wunderbare Kulisse zu erklären oder näherzubringen. Oft genügte es jedoch, die Gäste sich selbst und ihrem Staunen zu überlassen, während sie in die unberührte Landschaft blickten.

Die Familie kümmerte sich jedoch nicht nur um Gäste, die einen kleinen Teil des Schutzgebietes als Fenster nutzten, um einen Blick in eine unberührte Naturlandschaft zu erhalten. Ihr lagen auch die Schwachen am Herz, die Gestrauchelten und jene, die eine Stütze in ihrem Leben brauchten und einen Sinn. »Wir alle« nannten sie das Projekt, mit dem sie ihnen einen Platz in der Familie bieten wollten. Und unterstrichen: »Wir alle sind Teil der Natur, ob stark oder schwach.«

»Unser Verein ist ein Abbild der Menschheitsfamilie«, erklärte Carlo del Ponte in der nächsten Quartalssitzung, die nicht mehr in einer Halle, sondern nunmehr mittels Video-Livestream übertragen wurde. Diese Form der Kommunikation war der Familie irgendwann effizienter und kostensparender erschienen als die Anmietung von Hallen und großen Leinwänden. Carlo del Ponte war einer der anerkanntesten Soziologen des Landes und arbeitete seit einem halben Jahr für die Familie. Soziales Engagement für die Allgemeinheit war ihm wichtig und spiegelte sich auch in der Ethik der Familie wider. Del Ponte hatte vier Dutzend beeinträchtigte Menschen angestellt, die vollständig in das System der Familie integriert worden waren. Sie wohnten in den neu errichteten Wohnheimen Tür an Tür neben den restlichen Mitarbeitern, Führern, Biologen und Studenten. Ihre Arbeit bestand aus einfachen Tätigkeiten. Sie harkten Unkraut oder sorgten dafür, dass auf den Pfaden und Wegen der Kies gleichmäßig verteilt wurde. Es gab einige, die den ganzen Tag mit einem Wasserschlauch Blumen tränkten, die in großen Rabatten auf dem Parkplatz vor dem Schutzgebiet gepflanzt worden waren. Jedes Mitglied der Projektgruppe durfte sein eigenes Arbeitstempo wählen und Pausen einlegen, wann immer es ihm erforderlich schien. Das fördere das Harmonieempfinden, meinte

Carlo del Ponte, und rege sie am Ende zu höheren Leistungen an.

Auch für Jugendliche, die sich auf ihrer Sinnsuche befanden, gab es Platz. Sie konnten ein Soziales Jahr für die Natur absolvieren. Einige von ihnen würden sich später bestimmt intensiv für den Naturschutz engagieren. Ebenfalls konnten sich Schülerinnen und Schüler als Praktikanten während der Ferien bewerben, um Wichtiges und Interessantes über die Natur zu erfahren.

Für Studierende boten sie mehrmonatige Volontariate an, die sehr begehrt und zugleich streng limitiert waren. Über 5.000 Ansuchen gingen jährlich bei der Familie ein. Die Jury entschied sich jedoch nur für das beste eine Prozent. Wer einen der 50 Plätze erhielt, wurde für die Dauer des Aufenthalts kostenlos untergebracht und verpflegt. Die Stipendiaten kamen in den Genuss, mit den Besten ihres Fachs zusammenzuarbeiten und sie bei ihren Feldstudien zu begleiten. Zudem gelangten sie in Bereiche des Schutzgebiets, die für die meisten Menschen für immer verschlossen bleiben sollten. Lohn erhielten sie für ihre Tätigkeit keinen, aber die Volontäre der Familie galten als Vorzeigestudenten und als angehende Koryphäen auf ihrem Gebiet. Wer ein Stipendium bei der Familie vorweisen konnte, erhielt später mit großer Wahrscheinlichkeit einen gutdotierten Arbeitsplatz, und deshalb fühlte sich jeder hoch belohnt, der für sie tätig sein durfte.

Der gute Ruf der Familie wuchs weiter, und bald sprach man von ihr als einer der wichtigsten Institutionen, wenn es um Natur und deren Schutz ging. Experten der Familie wurden zu Gesprächsrunden eingeladen, um ihre Meinung zu wichtigen Themen wie dem Klimaschutz und der Ressourcenverschwendung zu äußern. Alles entwickelte sich so, wie es Max einmal in einer Vision ausgesprochen hatte. Wer das Wort Familie hörte, wusste sofort, hier sind Experten am Werk, die besten Experten, die es in ihrem Fach gibt. Und die Wirklichkeit gab ihm recht.

11. KAPITEL

Auf diesen Augusttag hatten sich Amanda und Fynn seit Langem gefreut. Die letzten Wochen waren anstrengend und herausfordernd gewesen. Herrlich herausfordernd. Gespräche bei Radiostationen und Fernsehsendern. Zeitungsinterviews, Meetings mit Fachleuten, Treffen mit Menschen, die sich für die Familie einbringen wollten. Beinahe jeder Tag war ausgefüllt gewesen mit prallem Leben, und dabei gleichzeitig zu wissen, wofür man das alles tat, war ein gutes Gefühl. Nun nahmen sie sich eine kleine Auszeit von all dem Trubel und genossen die Zweisamkeit in der Natur.

Ein milder Wind strich über das sattgrüne Gras. Sie marschierten auf einem Hügelkamm entlang. Der Pfad verlief gerade und der Boden war glatt wie gestampfter Sand. Mehrere Stunden wanderten sie mit ihren geschulterten Rucksäcken dahin, in denen sich ein Leichtzelt und Schlafsäcke befanden, dazu Liegematten und Proviant für zwei Tage. Der Hügelkamm mündete in eine große Senke, auf der ein riesiger Wollgrasteppich im Wind zitterte.

»Sst«, flüsterte Amanda in Fynns Rücken, der stehen blieb und sich langsam nach ihr umwandte.

»Es wäre eine Sünde«, sagte Amanda verschwörerisch, »wenn wir an dieser wunderschönen Wiese vorübergehen würden. Nur eine kleine halbe Stunde«, redete sie gegen seine Unentschiedenheit an. »Ich glaube, später würden an diesen Augenblick zurückdenken und uns ärgern, wenn wir ihn nicht genutzt hätten.« Und schon küsste sie Fynn, schob ihn vom Pfad hinein in das Meer aus Wollgras, zog ihn behutsam hinab auf den Boden und küsste ihn leidenschaftlich.

Später erreichten sie das flache, sandige Ufer eines kleinen Sees. In seinem Rücken erstreckte sich eine Wiese mit hohem Gras, aus dem wenig später nur noch die Spitze ihres orangen Zeltdaches ragte.

»Wie ruhig es hier ist«, flüsterte Fynn. »Nur das Rascheln der Grashalme im Wind, sonst nichts. Einfach wunderschön.«

Amanda lag mit angewinkelten Beinen auf ihrer Matte und blickte gegen den Abendhimmel und die grellweißen Wolken, die träge vorüberglitten. »Unglaublich, wie sich unser Leben verändert hat«, erwiderte sie und biss ein Stück von einem Müsliriegel ab. »Wer hätte gedacht, dass sich das alles so entwickelt. Fynn, ist dir das überhaupt bewusst? Wir sind Teil einer der großen Erfolgsgeschichten dieser Zeit. 21.000 Mitglieder. Sogar auf der Insel Tonga im Südpazifik gibt es Menschen, die uns unterstützen. Ich habe zuvor nicht einmal gewusst, dass diese Insel überhaupt existiert. Und wir haben die Fläche vervielfacht. 91.000 Hektar. Das ist riesig. Ohne Max wäre das nicht möglich gewesen. Kaum merkbar zieht er die Fäden, verschafft sich dort einen TV-Auftritt, sitzt da in einer Fernsehdiskussion und blickt dann wieder von der Titelseite eines Naturschutzmagazins. Manchmal frage ich mich: Wie macht er das nur?«

»Ja«, bestätigte Fynn. »Er ist wirklich unglaublich. Aber ich habe es von Anfang an gewusst. Er ist kein großer Fisch, er ist ein Hai.«

Amanda nickte und biss ein weiteres Stück von ihrem Riegel ab. »Weißt du, was mich fasziniert, Fynn?«

Fynn zuckte mit den Achseln, während er über die Halme hinab zum See blickte.

»Wie er denkt. So anders als die anderen. So quer und so hochinteressant. Ich mag die Art, wie er die Welt betrachtet. Nicht durch die großen Schaufenster, sondern durch Seitenfenster, Oberlichter und Bodenluken. Seine Argumente sind stets kreativ. Hast du sein Interview in ›Nature‹ gelesen? Was er über das Wasser gesagt hat? Ich meine, das finde ich wirklich große klasse.«

»Sie und Ihre Familie könnten von dem Wasser, das so üppig in Ihrem Schutzgebiet sprudelt, doch viel höhere Mengen verkaufen und ein Vermögen machen«, hatte der Reporter erklärt. »Oder Sie könnten die Wasserrechte einem der großen Konzerne überlassen. Die Gewinne wären bestimmt exorbitant. Weshalb tun Sie das nicht? Auf diese Weise hätten Sie vielleicht die Möglichkeit, anderswo noch viel größere Schutzgebiete zu

erwerben, und Ihr Leben wäre von heute auf morgen leichter und einfacher!«

»Sehen Sie«, hatte Max erklärt. »Ich weiß, einige Konzerne sind in letzter Zeit massiv in die Kritik geraten. Aber man sollte Unternehmen nicht pauschal an den Pranger stellen, nur weil sie mit ihrer Arbeit Geld verdienen. Das ist nicht fair. Denn diese Konzerne leisten Enormes. Sie erschließen neue Quellen und legen Wert auf hohe Qualitätsstandards. So sorgen sie für sauberes Trinkwasser. Davon können sehr viele Menschen profitieren, denn dieses Wasser schützt sie unter Umständen vor gefährlichen Krankheiten und vielleicht sogar vor dem Tod. Das sollten wir bei aller Kritik niemals vergessen. – Tatsächlich gehen wir einen anderen Weg. Ich will gar nicht behaupten, dass es ein besserer ist. Er ist nur anders. Wir setzen uns für diejenigen ein, die keine Sprache haben, für die Schutzlosen, für diejenigen, denen aus unserer Sicht viel zu wenig geholfen wird. Für die Pflanzen und Tiere. Das ist unser Credo. Und mir fällt bei diesem Gedanken sofort das wunderschöne Abendlied von Matthias Claudius ein:

Seht ihr den Mond dort stehen?
Er ist nur halb zu sehen,
Und ist doch rund und schön!
So sind wohl manche Sachen,
Die wir getrost belachen,
Weil unsre Augen sie nicht sehn.

Ja, aber wir sehen sie. Wir sehen die Libellenlarve, die im Wasser schwimmt. Wir kennen ihre Bedürfnisse und wissen, was nötig ist, damit aus dieser Larve eines Tages ein wunderschönes glänzendes Wunder wird und eine Libelle durch die Luft schwirren kann. Wir sehen die Tümpel, die man schützen muss, damit die Gelbbauchunke dort gedeihen kann. Unsere Augen sind für solche Dinge geschärft. Das ist unser Weg. Und wir hoffen, dass wir ihn noch lange weitergehen dürfen.«

»Das bewundere ich so an ihm, Fynn. Diese Diplomatie im Umgang mit den Medien. Während die anderen die Gier einiger Konzerne nach Wasser verurteilen und ihre Profitsucht herausheben, blickt Max aus einer völlig anderen Perspektive auf die Sache und bringt uns eine vollkommen neue Sicht auf die Dinge.«

Fynn nickte. »Ohne ihn hätten wir das nie geschafft. Dafür müssen wir ihm dankbar sein. Nicht wegen uns selbst, sondern vor allem wegen der Natur und der Milliarden von Lebewesen und Pflanzen, die wir mit seiner Hilfe schon retten konnten.«

Amanda und Fynn fühlten beide einen inneren Frieden, als sie später auf die tanzenden Wellen des Sees hinausblickten und gegen die Sonnenstrahlen blinzelten, die darauf funkelten. Was für ein Paradies sie doch geschaffen hatten. Wie viele Tiere hier wohl lebten? Ihre Anzahl musste in der letzten Zeit sehr zugenommen haben. Seitdem sie in Ruhe gelassen wurden und sich ungestört vermehren konnten. Es mussten Millionen, nein, Milliarden sein. Von der Mikrobe bis zu den großen Hirschen. Von den winzigen Flechten und Moosen bis zu den großen, mächtigen Bäumen.

Die Familie achtete sehr streng darauf, dass die Lebensbedingungen für Flora und Fauna so blieben oder sogar besser wurden. Sie hatten ein virtuelles Raster über das gesamte Schutzgebiet gelegt und entnahmen an jedem Knotenpunkt regelmäßig Wasser- und Bodenproben. Über 200 solcher Punkte gab es. Ein ganzes Labor beschäftigte sich mit der Auswertung der Daten, stellte Berichte und Statistiken zusammen, anhand derer ersichtlich war, wie sich das Ökosystem für die Pflanzen und Tiere des Gebietes entwickelte. Die Güte des Wassers und Bodens im Gebiet hatte sich in den letzten zwei Jahren um sieben Prozent verbessert. Sieben Prozent. Das bedeutete sieben Prozent mehr Qualität im Paradies und sieben Prozent verbesserte Rahmenbedingungen für sämtliche Tiere und Pflanzen. Das machte Amanda, Fynn und den Rest der Familie stolz, sehr stolz.

Aber dann, keine zwei Monate später, stürzte an einem Septemberabend die heile Welt vieler ein. Die Nachricht wurde zur Hauptsendezeit ausgestrahlt und ein betretener Moderator verkündete sie. Der Sprecher blickte ernst in die Kamera und sagte: »Neonicotinoide, Carbamate, Tracyklin, Penicillin, Atrazin, Pyrethroide und so fort und so fort. Was ich Ihnen soeben vorgelesen habe sind nicht Stoffe, die sich in den Regalen eines Gruselkabinetts befinden, es sind Stoffe, die vorgestern vom Labor »Pfuller und Schmid« in Boden- und Wasserproben eindeutig nachgewiesen wurden. Aber sie wurden nicht irgendwo gefunden, sondern im Herzen des riesigen Naturschutzgebietes der Familie. Neben diesen Substanzen wurden zudem Hormone und Mittel, die unter dem Namen Glyphosat und Roundup vertrieben werden, festgestellt. Bislang ist nicht bekannt, wie sie ihren Weg in das Schutzgebiet nehmen konnten, aber eines steht fest: Es sind Substanzen, die ausschließlich in der Landwirtschaft verwendet werden. Als Insektizide, Herbizide und Wachstumsmittel für Tiere. Und es ist schockierend, was diese Stoffe anrichten können.«

Im Hintergrund erschien das Bild eines Tümpels, in dem Dutzende Gelbbauchunken leblos auf dem Rücken liegend im Wasser trieben, und ein weiteres Bild zeigte verendete Fische, die in Massen an das Ufer eines Sees geschwemmt worden waren.

»Doch das ist leider nicht alles«, setzte der Moderator fort. »Der Einfluss auf die Population der Tiere ist enorm. Die Anzahl der männlichen Amphibien und Fische sinkt dramatisch und die Reproduktionsrate dieser Tiere ebenfalls. Das ist ein herber Rückschlag für die Bemühungen der Familie, deren Gebiet inzwischen auf über 92.000 Hektar angewachsen ist. Die Folgen für die Natur sind in diesem Augenblick nicht absehbar. Aber eines steht fest: Es wird Jahrzehnte dauern, bis diese Wunden verheilen.«

Die Nachricht wurde an diesem Abend beinahe als Dauerschleife gesendet. Am folgenden Morgen waren die Zeitungen voll mit empörten Berichten und Kommentaren. Die Wut richtete sich vor allem gegen die Profitgier und Rücksichtslosigkeit der Bauern. Viele Bürger waren aufgebracht, und radikale Naturschützer reagierten auf ihre Art. Sie beschmierten Pick-ups von Landwirten und sprühten Botschaften auf die Windschutzscheiben von Landmaschinen. »Mörder«, konnte man da lesen oder »Weshalb hasst ihr Gelbbauchunken?« Eine Zeitschrift zeigte auf dem Cover das Foto eines Traktors, der leicht zur Seite geknickt war, nachdem ihm Aktivisten den Vorder- und Hinterreifen aufgeschlitzt hatten. Darunter konnte man lesen: »Entladene Wut. Naturschützer erklären Bauern den Krieg«.

Vermehrt mussten Feuerwehren ausrücken, um abgelegene Heustadel zu löschen, die in Flammen standen. Und auf landwirtschaftlichen Zufahrtsstraßen wurden Parolen auf den Asphalt gemalt, die die Bauern verhöhnten. »Liebe Verbrecher! Wir wehren uns!« oder »Wir wissen, wo eure Höfe stehen!«

In zornigen Leserbriefen wurden die Landwirte aufgefordert, ihre Betriebe umgehend zu restrukturieren und sofort auf jeglichen Einsatz von Herbiziden und Insektiziden zu verzichten.

Doch die Bauern ließen sich nicht einfach unterkriegen. In dieser Gegend gab es über hundert von ihnen, und einige führten Betriebe mit über tausend Stück Vieh. Sie hatten beste Kontakte in die obersten Etagen der Politik. Ein Regierungssprecher gab einen Tag später eine Pressekonferenz und betonte, dass die meisten Bauern schon in der x-ten Generation Landwirtschaft betrieben und seit jeher bemüht seien, ihrer Arbeit im Einklang mit der Natur nachzugehen. Denn der Bauer wisse, dass die Natur es ist, die ihm das tägliche Brot schenke, und deshalb sei es selbstverständlich, dass jeder von ihnen die Natur achte und gut behandle.

Aber es gebe Verbesserungsmöglichkeiten. Die Regierung habe Sofortmaßnahmen beschlossen. Sämtliche Abwässer landwirtschaftlicher Betriebe müssen ab sofort einer Kläranlage zugeführt werden. Dort, wo das nicht möglich sei, weil die Höfe zu abgelegen für einen Anschluss seien, werden vor Ort Biokläranlagen errichtet, um jegliche Schadstoffe direkt zu binden. Die Regierung versichere, dass das Paradies der Familie bald zu Recht wieder als solches bezeichnet werden dürfe, und hoffe durch diese Maßnahmen zu einer Deeskalation der Situation beizutragen. Sie baue auf ein gemeinsames Miteinander im Sinne der Natur und der Menschen, die dort leben und arbeiten.

Die beruhigenden Worte und Versprechungen besänftigten die Kritiker nur kurz. Bald kochte der Unmut der Naturschützer abermals hoch, die in Nachrichten und

Zeitungen regelmäßig hören und lesen mussten, dass diese dramatische Situation vor allem durch einige profitgierige Landwirte verursacht worden sei.

Als Amanda und Fynn von diesem Skandal erfuhren, wussten sie sofort, dass sie etwas unternehmen mussten. Irgendetwas, das der Welt zeigte, dass sie gegen diese Rücksichtslosigkeit einiger Menschen waren, die Insektizide und Pestizide in der Landschaft ausbrachten, nur damit Pflanzen ein bisschen rascher wuchsen, sich kein Käfer und keine Made an ihren Früchten zu schaffen machten und mehr Gemüse und Getreide geerntet werden konnte. Sie mussten etwas tun gegen jene, die Tieren Hormone spritzten und ihnen Kraftfutter vorsetzten, damit sie schnell Fleisch ansetzten, um dieses später mit hohem Gewinn zu verkaufen.

Nichts glaubten sie von diesem Politikergerede, dass diese Bauen hier schon seit Jahrhunderten im Einklang mit der Umwelt lebten. Früher einmal, vor der Zeit von Glyphosat, Roundup und Hormonen vielleicht, als man ausschließlich den Stallmist auf den Feldern und Wiesen spreitete, aber spätestens seit es chemische Mittel gab und viele Bauern sie verwendeten, als wäre es Brausepulver in einem Glas Wasser, waren diese Zeiten vorbei. Und Amanda und Fynn wussten schon nach kurzem Überlegen: Sie würden ein Zeichen setzen. Ein Zeichen, das nicht zu übersehen war.

12. KAPITEL

Amanda und Fynn waren aufgeregt. Ihre Herzen rasten, als würden sie gerade einen Hügel hochsprinten. Aber sie bewegten sich nicht einmal, sondern verharrten unter einem Vordach, das sie vom Lichtschein der Straßenlaternen schützte. Es war 2 Uhr nachts. An Fynns Rücken zerrte ein riesiger Rucksack, in dem sonst ein Paragleiterschirm verstaut wurde. Die Nacht war wolkenlos und ein kühler Wind wehte. Auf der anderen Straßenseite spazierte ein Fußgänger mit einem Hund vorbei.

»Ich halte es fast nicht mehr aus«, flüsterte Amanda. »Vielleicht sollten wir das Ganze lieber lassen, Fynn.«

»Alles gut«, antwortete Fynn leise. »Mach dir keine Sorgen.«

Die Straße war ruhig. Nur manchmal fuhr ein Wagen vorbei.

»Wir dürfen später keine Zeit verlieren, Amanda. Okay? Keine Pause, denn jede vergeudete Sekunde könnte einem Passanten die Möglichkeit bieten, auf uns aufmerksam zu werden. Und keine fünf Minuten später heulen die Sirenen und alle Hauswände in der Gegend werden vom blau blinkenden Licht der Polizeiautos erhellt.«

Amanda nickte.

»Bereit?«

»Bereit.«

»Also, auf drei.«

»Eins, zwei, drei.«

Sie rannten über den Platz, kletterten über einen Lattenzaun, rutschten auf losem Kies eine Böschung hinab. Sie atmeten frischen Beton. Überall lagen Schalungsplatten, Dämmmaterial und Geflechte aus Eisen. Ihre Schritte polterten kurz über einen Steg aus Brettern. Und dann spürten ihre Finger das kühle Eisen. Mit dem ersten Griff nach oben war die Aufregung wie weggeblasen. Sie kletterten das Gerüst hoch. Höher, immer höher. Sie schwitzten. Zuvor vor Angst und jetzt vor Anstrengung. Kühler Wind streifte ihre Gesichter, auf denen Schweißperlen glänzten. 10, 20, 25 Meter waren sie schon über dem Boden. Sie konnten große Teile der Stadt überblicken. Kreuzungen, orange blinkende Ampeln, Laternen, die sich wie erhellte Schlangen durch die Straßen wanden und das wandernde Scheinwerferlicht eines Autos.

Amanda und Fynn atmeten laut durch den Mund.

»Gleich«, sagte Fynn keuchend.

Sie sicherten ihre Klettergeschirre mit Karabinern an einem Eisenholm. Fynn hörte, wie Amanda die Verschlüsse des Rucksacks aufklickte und den Beginn der Stoffbahn, die sie an den Enden mit kräftigen Ösen verstärkt hatte, am Turm des Krans fixierte. Dann zog sie mit voller Kraft am Stoff.

»Wie bei einem Magier«, sagte sie angestrengt, »der ein endloses Tuch aus seinem Hut zaubert.«

Mit einem leisen Rauschen glitt die Stoffbahn flatternd hinab. Mehrere Male schlug die Holzlatte, die sie am Ende des Transparentes montiert hatten, gegen das Gerüst des Krans. Und mit jedem Schlag gegen das Metall stieg bei Amanda und Fynn die Aufregung. Mit einem Flappen entfaltete sich das Transparent zu seiner vollen Länge, stand erst leicht ausgebeult wie ein Segel im Wind und schmiegte sich danach sanft an das Gerüst des Krans. Auf dem Stoff war eine Gelbbauchunke abgebildet, die flehte: »Mein Paradies! Bitte lasst mich nicht im Stich!«

Später sahen sie das Transparent aus der Ferne. Es war 20 Meter lang und hing majestätisch vom Kran herab. Es bewegte sich ein wenig. So, als würde es ihnen zuwinken. Schemenhaft konnten sie die Abbildung der Unke ausmachen und einzelne Buchstaben. Und eines wussten Amanda und Fynn sofort: Noch in ihren alten Tagen würden sie an diese Tat zurückdenken, an ihren Mut und ihre Entschlossenheit. Und wenn sie einmal Enkelkinder hatten, würden sie ihnen von dieser abenteuerlichen Aktion erzählen, und ihre Enkelkinder würden wohl über diese kuriose Geschichte staunen, da sie ihren klapprigen Großeltern so etwas niemals zugetraut hätten.

Als sie um 4 Uhr früh im Bett lagen und gegen die nachtdunkle Zimmerdecke starrten, wurde es ihnen erst richtig bewusst. Sie hatten es getan. Sie hatten es tatsächlich getan. Erst jetzt spürten sie, wie sich die Erschöpfung in ihnen breitmachte. Die Schwere der Arme, das Zittern der Knie und die Müdigkeit, die sie auf einmal einholte. Die Aufregung hallte so sehr in ihnen nach, dass sich ihre rasenden Herzen gar nicht beruhigen wollten.

Am nächsten Tag wurde von den Radio- und Fernsehsendern beinahe stündlich über das Transparent berichtet. »Die Familie wehrt sich im Namen der Unke und im Namen der Natur«, hieß es und: »Keine Kompromisse, wenn's ums Paradies geht.«

»Da gibt es welche«, bemerkte ein Radiomoderator, »die sich ärgern, lärmen, schreien und am Ende nichts tun. Aber die Mitglieder der Familie zählen ganz bestimmt nicht dazu. Sie setzen Zeichen. Und sie platzieren ihre Botschaften so, dass man sie nicht übersehen kann.«

Bald blickte die Abbildung des Baukrans mit seinem Transparent von der Titelseite beinahe jeder Tageszeitung.

Einige kritische Politiker und Juristen warnten allerdings vor Nachahmungen solcher Aktionen und machten die Bevölkerung eindringlich auf die strafrechtlichen Folgen aufmerksam, die kriminelle Handlungen dieser Art nach sich ziehen könnten.

Aber all diese Warnungen halfen nichts. Bald hingen an allen möglichen und unmöglichen Orten Transparente: an Haus- und Felswänden, von Wassertürmen, Einkaufszentren und Fabrikschloten. »Schaut nicht weg«, mahnte eine Aufschrift. Etliche Transparente flatterten sogar von Kirchtürmen. Und einige munkelten, dass die Familie sogar unter den Geistlichen zahlreiche Fürsprecher habe. »Sorge dich nicht, Paradies, wir helfen dir«, konnte man dort lesen.

Am Ende waren in diesen Wochen über hundert Transparente von Mitgliedern der Familie oder von jenen, die sich mit ihr verbunden fühlten, angebracht worden.

Einer der Aktivisten, ein 20-jähriger Mann namens Pax Baccata, der so schüchtern war wie schmächtig, wurde eines Nachts von einer Polizeistreife ertappt, als er an einem Brückengeländer gerade ein Transparent mit der Aufschrift »Pax für Unken, Käfer und Libellen« anbringen wollte. In seiner Panik trat Pax wild um sich und schlug einem Polizisten dabei versehentlich ein blaues Auge, woraufhin man Pax Handschellen anlegte und ihn auf das Revier brachte.

»Wir werden dich hinter Gitter bringen, du Bastard«, fluchte der Polizist, dem das blaue Auge den Blick auf die Welt nahm.

Noch im Polizeiwagen postete Pax auf Facebook und Instagram: »Helft mir! Sie bringen mich wegen der Gelbbauchunken in den Knast!« Er veröffentlichte die Adresse der Polizeistation und schrieb darunter den Satz: »Kommt mich doch mal besuchen!«

Keine Stunde später standen über 400 Demonstranten vor dem Polizeigebäude. Sie hielten Transparente hoch, auf denen stand: »Für das Paradies in Haft«, und forderten lauthals die Freilassung ihres Familienmitglieds. Die Fotografen und Journalisten, die kurz danach erschienen, staunten über das rasche Auftauchen von so vielen Menschen und das Organisationstalent der Familie.

»Ich habe so etwas nie zuvor erlebt«, erklärte eine Moderatorin. »Mindestens 500 Menschen haben sich hier eingefunden. Es ist 3 Uhr nachts, und die Menge singt ein Lied, das an Nelson Mandela erinnert und ihrem Helden Pax Baccata die Freiheit bringen soll. »Free, free Pax Baccata«, singt sie. Und das schon seit einer Stunde. Einige haben sogar Lautsprecher bei sich, um ihrer Forderung mehr Nachdruck zu verleihen. Im gesamten Straßenzug sind die Fenster der Häuser und Wohnungen erhellt, denn es ist unmöglich, in dieser Nacht Schlaf zu finden. Vor der Polizeistation kommt es zu tumultartigen Szenen zwischen Anwohnern und Ordnungshütern, die die Situation zu deeskalieren versuchen. Aber umsonst. Das Freiheitslied für Pax Baccata wird immer wieder angestimmt, und es wird vermutlich so lange zu hören sein, bis Pax Baccata frei ist.«

Nach einer kurzen Pause fuhr die Moderatorin fort: »Das ist eine Kraft, die mir Gänsehaut verursacht. Und ich weiß, dass es vielen anderen gerade genauso geht wie mir.«

»Wie schon so oft zuvor, stellen wir auch hier fest«, argumentierte ein anderer Reporter, »dass die Familie nicht lange fackelt. Sie macht ernst, wann immer es nötig ist.«

Und tatsächlich, morgens um 4 Uhr wurde Pax Baccata unter dem frenetischen Beifall der Demonstranten aus der Haft entlassen. Er war für sie ein Held, ein Held, der für das Paradies kämpft.

»Die Kraft der Demokratie«, titelte eine Zeitschrift und machte den Aktivisten über Nacht berühmt. »Ein Enfant terrible«, schrieb eine andere Zeitung unter ein Bild, das seine Entlassung zeigte. »Ein Enfant terrible mit dem Hang, die Welt in ein Paradies zu verwandeln«.

Pax Baccata wurde zu Fernsehsendungen eingeladen, gab Interviews und strahlte mit seinem blassen Gesicht von Titelseiten etlicher Naturschutzmagazine herab. »Hero«, stand darunter, und Pax lächelte selbstbewusst wie selten zuvor in seinem Leben.

»Es tut so gut«, erklärte eine junge, kurzhaarige Nachrichtensprecherin in diesen Tagen, »dass es da draußen eine Kraft gibt, die Flagge zeigt oder Transparente. Dafür sende ich euch mehrere Kusshände zu, ihr Hoffnungsträger unserer Zukunft auf diesem Planeten.«

13. KAPITEL

»Man muss wissen, wann der Augenblick da ist, und zuschnappen«, erklärte Max den 300 Teilnehmern der Familie. Die Anwesenden waren die Auserwählten, zum größten Teil Mitglieder der ersten Stunde und einige Experten, auf die niemand verzichten wollte, wenn es um wichtige Fragen ging. Eines war allen klar: Manchmal waren rasche Lösungen und rasche Entscheidungen erforderlich, und so hatten sie sich auf die 300 Mitglieder als Entscheidungsträger geeinigt, um sofort reagieren zu können, wenn eine unerwartete Herausforderung auftauchte.

»Ich spüre, es ist dieser Augenblick, der uns groß machen kann. Aber wenn wir ihn verstreichen lassen, ist die Gelegenheit womöglich für immer vertan. Unwiderruflich.«

Die Mitglieder im Saal schwiegen und verharrten regungslos, während Max eine lange Pause einlegte. Vielleicht überlegt er noch, dachte Fynn, vielleicht will er uns zur äußersten Konzentration zwingen.

»Das ist der goldene Moment«, versicherte Max. In seiner Stimme lag etwas Beschwörendes. »All das, was in den letzten Wochen geschehen ist, die unzähligen Transparente, die Gesänge für Pax Baccata, seine Befreiung – das hat die Medien wachgerüttelt. Inzwischen kennt uns hier im Land beinahe jeder, doch an den Grenzen nimmt unser Bekanntheitsgrad rapide ab. Aber ich spüre es. Wir können bald bekannter sein als die größten NGOs dieser Welt. Und ich weiß, ihr spürt es auch.«

Ein zögerndes Ja kam ihm entgegen.

»Ihr müsste es spüren!«

»Ja«, klang es nun schon viel kräftiger.

»Ich versichere euch eines: Es ist wie ein Quantensprung! Ein Sprung auf die höchste Ebene, die für uns vorstellbar ist. Ich habe in den letzten Tagen oft mit unseren PR-Leuten gesprochen. Wir müssen nur einige Regeln befolgen, dann können wir es schaffen. Wir müssen eine Demonstration mit vielen Menschen organisieren. Mit sehr vielen Menschen. Tausenden. Zehntausenden. Denn die Medien bekommen momentan gar nicht genug von uns. Aber wir müssen in dieser heißen Phase unbedingt schlanker werden, noch beweglicher, noch flexibler.« Er machte eine Pause. »24«, sagte er plötzlich, und keiner wusste im ersten Augenblick, was er damit meinte.

»24«, wiederholte er. Und alle horchten auf.

»Wir haben an maximal 24 Vertreter gedacht, die diese schwierige Aufgabe für uns übernehmen.«

Ein Murren ging durch die Menge, einige schüttelten den Kopf und einer sagte: »Das geht gar nicht«, stand auf und verließ den Raum. Hinten, in der letzten Reihe, hob ein molliger Junge seinen Arm. Er war kaum 17, aber schon von Anfang an bei der Familie dabei.

»Halt«, rief Max in das Raunen der Menge hinein. »Da hinten will jemand etwas sagen!«

»Unglaublich«, flüsterte Amanda Fynn ins Ohr. »Das glaubst du nicht. Die Menge murrt und rebelliert beinahe, und Max bemerkt in der letzten Reihe jemanden, der etwas sagen möchte. Wie ein Radar. Er ist großartig. Ein Genie. Er ist einfach ein Genie, Fynn.«

Fynn nickte beeindruckt.

Max hob die Hand, und augenblicklich verstummten alle. Der Junge stand auf und blickte zu Boden. Man spürte, dass ihm Auftritte vor anderen Menschen unangenehm waren.

»Luca, du willst uns etwas Wichtiges mitteilen?«, ermunterte Max ihn. »Bitte.«

»Also«, stotterte er und verhaspelte sich in seinen Sätzen. Aber da die Menge trotz seiner Aufregung still blieb, wurde er bald ruhiger und seine Stimme kräftiger. »Also, ähm, ich meine, wir haben doch den Plan mit dieser Demo und die Sache mit dem Schlankerwerden und den 24 Leuten … Ähm … damit wir flexibler werden. Wie wäre es, ich meine, ich habe mir gedacht, wir selbst könnten für diese Demo doch Menschen anwerben und Listen führen, auf denen ihre Namen und Adressen stehen, und die, die am meisten Teilnehmer für diese Demo motivieren, sind dann Teil der

24. Ja, und, ähm, ich finde, wir müssen zum Wohle der Pflanzen und Tiere unbedingt schlagkräftiger werden.« Schüchtern lächelnd und wie es schien erschöpft setzte sich Luca abrupt auf seinen Stuhl und sank zurück in seine Schüchternheit.

Die Menge fing erneut an zu murmeln, aber nur kurz, denn Max ergriff das Wort. »Grandioser Gedanke, Luca! Das ist mehr als Demokratie, das ist sogar ein direkter Demokratiebeweis. Denn wer am meisten Menschen für diese Demonstration gewinnen kann, muss populär sein. Und eines steht fest: Jemand, der von den anderen akzeptiert wird, kann die anderen auch am besten vertreten.«

Ein zustimmendes Raunen ging durch die Reihen, und eine Diskussion entbrannte. Das Gemurmel wurde immer lauter.

»Ich schlage vor, wir stimmen ab«, sagte Max. »Jetzt sofort. Die Zeit drängt, und die Gunst der Stunde könnte rascher vorüber sein, als wir glauben.«

75 Prozent waren es schließlich, die für Lucas Vorschlag votierten. Max nickte zufrieden. »Das ist eine klare Entscheidung. Und sie wird uns helfen, ganz sicher.« In seiner Stimme lag wieder dieses Beschwörende. »Wir wollen diese Demo zum Größten machen, was man hierzulande jemals gesehen hat.«

»Ja, wir schaffen das!«, rief einer aus der Menge. Und immer mehr schrien es zugleich:

»Ja, wir schaffen das!«

Amanda rieselte es kalt den Rücken hinab, und vielen anderen ging es ebenso. Es lag eine magische Kraft in diesem Satz. In dem Raum breitete sich eine Stimmung aus, die schwer zu beschreiben war. Aber alle spürten sie. Es war wie ein Zauber, und sie schrien es immer wieder: »Ja, wir schaffen das!«

Jede Woche wurden Rankings mit den Anwerbungen für die Demonstration veröffentlicht. Das Ranking spornte an. Jede und jeder wollte dabei sein, zur Elite der 24 zählen, zu den Wichtigsten der Familie.

»Ihr müsst immer wissen, wofür ihr es tut«, erklärte Max während einer Rede, die er vor den 300 Mitgliedern und für Tausende andere via Video-Livestream hielt. »Bei jedem Gespräch, bei jedem Mail, jedem Anruf. Ihr tut es nicht für euch! Ihr tut es für die Gelbbauchunke, den Alpensalamander, für die Schlüsselblumen und Bartflechten, für die Buchen und Tannen, für all die Bäche, Flüsse, Moore und Seen. Und für eure Enkelkinder, die einmal auf eurem Schoß sitzen werden. Daran sollt ihr denken, wenn ihr in diesen Tagen erschöpft seid und euch am liebsten hinlegen würdet, um eine Pause zu machen. Dafür tut ihr es, und dafür müsst ihr bis an eure Grenzen gehen und vielleicht auch darüber hinaus. – Mit heutigem Stand haben 8.754 Menschen ihr Kommen zugesagt. Aber wir brauchen mehr. 10.000, 15.000, 30.000. Nur noch zwei Wochen und wir sind am Ziel.«

Ja, Amanda und Fynn wollten dazugehören, sie mussten zu den 24 dazugehören. Und ihr Ranking sagte ihnen, dass sie es möglich war. Einmal waren sie auf Platz 30, dann wieder auf Platz 20. Sie würden es schaffen, ganz bestimmt, obwohl die Konkurrenz genauso fanatisch war wie sie selbst. Aber die Arbeit ermüdete sie und laugte sie aus.

Nachts lagen sie oft wach im Bett, weil ihre Gedanken wie Kreisel herumwirbelten und sich selbstständig gemacht zu haben schienen. Die vielen Gespräche rasten durch ihren Kopf. Die geschriebenen Mails, die Antworten, die Antworten auf die Antworten, die Anrufe, die immer gleichen Sätze, um Menschen zu motivieren, dabei zu sein. Hunderte Male am Tag.

Wenn Amanda schließlich vor Müdigkeit die Augen doch zufielen, holte sie meistens jener Traum ein, der sie nun seit einer Woche regelmäßig heimsuchte. Sie marschierte eine Landstraße entlang, die auf einen rötlichen Horizont zulief, den sie unbedingt erreichen wollte. Aber so sehr sie sich auch abmühte, der Horizont blieb weit entfernt, und wenn sie zur Seite blickte, schien es ihr, als komme sie nicht einmal von der Stelle. Und während sie ging, hörte sie das Klatschen der Schuhe auf dem Asphalt so laut, als gleite sie in Ohrenhöhe gleichzeitig neben sich her. Meistens schreckte sie dann aus dem Schlaf hoch, und oft ruhten Fynns Hände schon auf ihren Schultern oder auf ihrer Stirn.

»Du hast nur geträumt, Liebling«, flüsterte er.

»Alles ist gut, mach dir keine Sorgen. In wenigen Tagen ist die Demo. Wir werden unter den 24 sein, Amanda, ganz bestimmt.«

Die Monotonie war zermürbend. Manchmal, wenn sie die Erschöpfung unfähig machte, einen Anruf zu tätigen oder ein Mail zu schreiben, befiel sie Einsamkeit und eine grundlose Trauer. In diesen Tagen erhielt sie eine SMS von ihren Eltern, die sie sehr nachdenklich stimmte. Sie hatte in den letzten Tagen und Wochen gar nicht an sie gedacht. Ihr Vater hatte nur einen Satz geschrieben. »Kommt doch mal zum Essen.« Das werden wir, dachte sich Amanda. Dann werden wir beisammen sitzen und so lachen, bis uns die Bauchmuskeln davon wehtun. Während dieser Zeit weinte sie manchmal und konnte sich selbst nicht erklären, weshalb. Aber am nächsten Tag raffte sie sich trotzdem wieder auf und stürzte sich mit aller Leidenschaft in ihre Aufgaben.

»Es ist alles vorbereitet«, erklärte Max in der nächsten Sitzung. »Wir haben eine riesige Wiese für unsere Demo gemietet und auch für die Infrastruktur gesorgt. Besprechungszelte, Getränkestände, Toiletten, alles, was für eine Veranstaltung dieser Größenordnung erforderlich ist. Neben der Wiese befindet sich einer der größten landwirtschaftlichen Betriebe der Gegend. Wir haben seinem Eigentümer unser Kommen angekündigt und ihm mitgeteilt, dass wir sehr viele sind und mit lauter

Stimme gegen seine Profitgier vorgehen werden. Auf vielen Transparenten wird der wichtige Satz stehen: »Natur vor Profit«. Und wir werden ihm diesen Satz zeigen wie einen Spiegel, in den er blickt. Seine Erfahrungen werden als Beispiel für alle anderen gelten, die an dieser Gier erkrankt sind und die Natur mit Insektiziden und Pestiziden verseuchen. Und nicht nur das. Es wird uns gelingen, dass er sich ändert, ob er will oder nicht.«

Jemand rief: »Change, change, change!«

»Ja«, gab Max zurück: »Change, change, change!«

Kurz danach schrien es alle zusammen wie ein Mantra: »Change, change, change!«

14. KAPITEL

Es waren noch 20 Stunden bis zur Demonstration. Ein Knistern lag in der Luft, eine Aufregung und Anspannung.

»Morgen ist es so weit«, erklärte Max den 300 Mitgliedern vor Ort und den vielen Tausenden via Video-Livestream, »und wir haben alles dafür getan, dass es unser Tag wird.«

Prasselnder Applaus brach los. Auf einem Bildschirm erschien eine Liste der 24 besten Demowerber. Fynn klopfte Amanda auf die Schulter, umarmte und küsste sie. Rang acht. Rang acht. Sie waren dabei mit 3.485 Menschen, die sie für morgen hatten gewinnen können.

»Insgesamt sind es unglaubliche 47.344 Teilnehmer«, rief Max. »Heute in 24 Stunden haben wir unsere Friedensschlacht geschlagen. Wir wissen nicht genau, wie viele tatsächlich auf dieser Wiese stehen werden. Aber wir wissen, es werden viele sein, sehr viele. Wir haben nichts dem Zufall überlassen. Die Transparente, Tafeln und Spruchbänder sind fertig und die Parolen stehen fest. Am Rand des Platzes haben wir ein riesiges Zelt für die Aftershowparty aufstellen lassen. Die Rettung wird anwesend sein und die Polizei, die für unsere Sicherheit sorgen wird.« Tosender Applaus brach los, den er so lange lächelnd erwiderte, bis er verklang: »Ich wollte heute mit euch sprechen, um Danke zu sagen. Danke für euren Opfersinn, für eure Leidensfähigkeit und euer Engagement. Ohne euch könnte das morgen niemals Wirklichkeit werden.« Er hob einen runden polierten Stein in die Höhe, der sofort von der Kamera eingefangen wurde und auf dem Bildschirm erschien. »Seht ihr das? Es soll unser Symbol sein. Dieser Stein ist alt, sehr alt. Er hat kleine glitzernde Stellen und zählt zu den härtesten Gesteinen, die wir kennen. Granit. Dieser Stein ist vor langer Zeit in eine Gletschermühle gefallen. Damals sah er noch anders aus, hatte vermutlich scharfe Kanten und war eckig. Aber im Laufe der Zeit wurde er so, wie wir ihn heute sehen: glatt und rund – wie eine polierte Billardkugel. Wisst ihr, wer das vollbracht hat? Es war eine sanfte Kraft, eine Kraft, die nur aus winzigen Tropfen besteht. Aber es waren viele von diesen Tropfen, sehr viele. Das Wasser hat diesen Stein in einer Gletschermühle im Kreis vor sich hergetrieben und am Ende das hier aus ihm gemacht. Das dürft ihr morgen nicht vergessen. Wir sind das Wasser, und die umweltzerstörenden Bauern mit ihren Traktoren und Maschinen sind die Granitsteine. Aber wir sind mehr, wir sind viel mehr, und wir sind am Ende stärker.«

Erneut brandete Applaus auf.

»Wir sind mehr!«, rief einer der Anwesenden, und schon echote es. »Wir sind mehr! Wir sind mehr!«

»Aber etwas ist besonders wichtig«, betonte Max, als sich die Menge wieder beruhigt hatte. »Es ist das Wichtigste für morgen. Wir werden friedlich demonstrieren und so sanft sein wie das Wasser.« Mit leidenschaftlicher Stimme erklärte er: »Es gab da einmal einen Despoten in Jugoslawien. Das ist schon einige Zeit her und vermutlich werden nicht alle von euch davon wissen. Er war berüchtigt, ein Tyrann, der sein Volk quälte, die Menschenrechte missachtete und Kriegsverbrechen beging. Er war eine Bestie, vielleicht eine der größten Bestien, die die jüngere Geschichte hervorgebracht hat. Er glaubte, seine Tyrannei würde endlos andauern, und dass ein anderer Tyrann seinen Platz einnehmen würde, wenn er einmal abdanken sollte. Alle fürchteten sich vor ihm. Bis auf einige mutige Studenten. Und mit einer Sache hatte er nicht gerechnet: mit der sanften Kraft der friedlichen Demokratie. Die Studenten in Belgrad erklärten den Serben, dass sie die Freiheit wollten, Demokratie, Menschenrechte und keine Tyrannei. Sie plakatierten Straßen, Plätze, Wände mit ihrem Zeichen, einer geschlossenen Faust, und darunter stand das Wort »Otpor«. Nur dieses eine Wort: »Widerstand«. Den Polizisten, die diese Kundgebungen eindämmen wollten, erklärten sie: ›Ihr müsst eines verstehen: Wir stehen auf derselben Seite. Wir sind keine Feinde, wir sind Opfer desselben Tyrannen.‹ Die Demonstrationen wurden immer größer, und an einem bestimmten Tag strömten aus allen Landesteilen Menschen in die

Hauptstadt. Am Ende waren es über 200.000, die sich vor dem Regierungsgebäude in Belgrad einfanden. Und keiner der Demonstranten wandte Gewalt an. Sie wollten anders sein als dieses mörderische Regime. ›Keine Gewalt!‹, riefen sie aus. ›Wir wollen Veränderung, ja, aber mit demokratischen Mitteln.‹ Sie zogen durch die Straßen, und als sie den Militärs und Polizisten gegenüberstanden, riefen einige Demonstranten durch ihre Lautsprecher: ›Ihr werdet nicht auf uns schießen, denn ihr wisst, dass eure Kinder unter uns sind, eure Verwandten, Freunde und Bekannten. Ihr seid wie wir und wir sind wie ihr.‹ Aber einige der Militärs und Polizisten, die ihrem Tyrannen auch ins Verderben gefolgt wären, griffen zu ihren Schlagstöcken und prügelten auf die friedlichen Menschen ein. Viele waren da, um diese Gewalttaten zu filmen, und schon am nächsten Tag wurden die schrecklichen Bilder weltweit von den Fernsehstationen ausgestrahlt. Am Ende jagte das serbische Volk den Tyrannen aus dem Amt und später wurde er in Den Haag vor das Kriegsverbrechertribunal gestellt. – Wir wollen uns genauso verhalten wie diese serbischen Idealisten, die mit ihrer Strategie mehr Kraft besaßen als Maschinengewehre und Kanonen. Das ist unser Vorbild, eine sanfte Kraft, die Dinge radikal verändert. Und das soll für euch morgen die heilige Regel sein. Lasst euch nicht zu Gewalttaten hinreißen, auch wenn die Umweltzerstörung dieser gedankenlosen Menschen ungeheuerlich ist. Keine Gewalt, egal, wie uns die Bauern begegnen. Egal, ob sie uns mit ihren großen Traktoren und landwirtschaftlichen Maschinen stören wollen, egal, ob sie uns beschimpfen oder zu Holzstöcken greifen, wir werden uns nicht von unserem friedlichen Weg abbringen lassen! Denkt an die Natur, denkt daran, dass ihr sie zurückerobern wollt und am Ende als Sieger aus dieser Friedensschlacht hervorgehen werdet. Mit diesem Vorsatz müsst ihr euch heute schlafen legen und morgen früh aufstehen. Das ist mein Befehl an euch, wie ein Fußballtrainer seinen Spielern eine taktische Ordnung vorgibt, die die Mannschaft zum Sieg führt.«

15. KAPITEL

»Verrückt!«, rief Amanda. »Das ist vollkommen verrückt, Fynn. Hast du die letzte Meldung gehört? ›Rechnen Sie auf sämtlichen Zufahrtsstraßen mit großen Zeitverzögerungen. Der Rückstau beträgt nunmehr schon über sieben Kilometer. Und wie es aussieht, wird sich der Stau sogar noch vergrößern. Grund ist die Demonstration, die von einer Naturschutzorganisation abgehalten wird.‹ »Das sind wir!«, sprudelte es aus Amanda heraus. »Wir sind das!«

Im selben Augenblick spürte sie etwas Mächtiges in sich und wusste zugleich, dass sie gerade Teil von etwas so Gewaltigem war, das sogar kilometerlange Staus verursachen konnte. Alle zehn Minuten erklang eine aktualisierte Ansage. ›Der Stau reicht nun zehn Kilometer zurück.‹ – ›Der Stau reicht nun über 15 Kilometer zurück.‹ Es war unglaublich. Der Menschenstrom, der über einen Feldweg auf die große Wiese drängte, riss nicht ab. Sie kamen mit Reisebussen, Lastwagen, Wohnmobilen, Pick-ups, mit E-Mobilen und E-Bikes, mit Mopeds, Fahrrädern und auch zu Fuß. Sie parkten neben der Landstraße, später sogar auf Wiesen, und sie kamen zu Hunderten, Tausenden, Zehntausenden. So etwas hatte man hier nie zuvor erlebt. So etwas kannte man nur aus dem Fernseher oder aus dem Internet. Es war einfach gigantisch. Man hörte den Takt von Trommeln, Trillerpfeifen und das Tröten von Vuvuzelas. Transparente wurden hochgehalten, auf denen stand: »Ihr seid fertig« oder »Ihr seid am Ende«. Aus der Menge ragten lange Stangen auf, an deren Enden bunte Fahnen im Wind flatterten. Darauf waren Zeichnungen von rosaroten Schweinchen abgebildet, die dick waren und schwitzten. Auf ihren Rücken saßen noch dickere Bauern mit roten Backen und gierigen Gesichtern. »Farm der Tiere«, war darunter zu lesen. Andere Zeichnungen zeigten überdimensional aufgeblasene Bauern, die auf Kindertraktoren saßen. Und wiederum andere stellten Bauern mit riesigen Pestizidpackungen dar, auf denen Totenköpfe abgebildet waren. Darunter standen »Glyphosat« und »Farmers best friend«. Dutzende solcher Fahnen wurden geschwungen.

Auf einem nahen Hügel hatten sich Kamerateams und Reporter versammelt, die leidenschaftliche Sätze in ihre Mikrofone sprachen und von 45.000 Demonstranten berichteten. Einige sprachen sogar von über 60.000, und es kamen immer mehr.

Irgendwo erwachte ein Schlachtruf, und wie eine riesige Welle schwappte er über die Menge. »Fam, Fam, Family!«, wogte es, »Fam, Fam, Family!« Und schon schwappte der Schlachtruf wieder von einem Ende der

Wiese zum anderen, verteilte sich und erfasste schließlich den gesamten Platz.

Amanda und Fynn standen mitten in der Menge, und auf einmal war da dieses Gefühl der Zusammengehörigkeit und Wärme. Sie spürten einander. Schulter an Schulter, Arm an Arm, und sie hörten immerfort den Takt der Trommeln. Es war wie ein heiliges Fest. Etwas ganz Großes, das einem kalte Schauer den Rücken hinabrieseln ließ. Amanda und Fynn glaubten, in diesem Moment selbst der Herzschlag der Welt zu sein. Das Epizentrum der Wichtigkeit, die Hauptschlagader, etwas, das gerade den Lauf dieser Welt veränderte, in eine bessere, schönere Richtung.

»Mann«, schrie Fynn. »Ich halte das nicht mehr aus. Ich spüre es! Ich spüre, dass es genau hier passiert, hier auf dieser Wiese.« Es fühlte sich so mächtig an, dass es plötzlich aus ihm herausschrie: »Fam, Fam, Family!«

Schon stimmten die anderen ein, und bald klang es tausendfach über die Wiese: »Fam, Fam, Family.«

Ein nicht enden wollender Strom an Demonstranten drängte sich auf den Platz, der die Menschen kaum mehr zu fassen vermochte. Am östlichen Rand drängten sich die Massen an die benachbarte Wiese, die mit einem hüfthohen Lattenzaun abgegrenzt war. Wie von selbst neigte sich die lange Zeile des Zauns immer weiter zur Seite, kippte und rauschte schließlich in das knietiefe Gras, das in den nächsten Tagen gemäht und zu Heu verarbeitet werden sollte. Bald waren große Teile der Wiese niedergedrückt, und wenig später hätte niemand mehr sagen können, ob das Gras zuvor wirklich so hoch gewesen war.

Die Landwirte, die sich zu Dutzenden auf dem Gutshof des Großbauern eingefunden hatten, waren lange auf dem Vorplatz des Anwesens gestanden und hatten das Treiben der Demonstranten beobachtet. Aber als sie sahen, dass immer größere Bereiche der Wiese für die nächste Ernte ruiniert wurden, mussten sie gar nicht mehr weiter nachdenken. Es reichte. Denn da wurde nicht nur eine Wiese ruiniert, da wurde gerade ein Teil einer Existenzgrundlage vernichtet.

»Auf jetzt«, rief der Großbauer. Aus der Ferne konnten einige Demonstranten die Bauern mit wutroten Köpfen ausmachen, die zu ihren Traktoren und Landmaschinen eilten. Motoren heulten auf, und schwarzer Rauch qualmte aus den Auspuffen.

»Los«, schrie der Großbauer seinen Kollegen zu.

Und schon setzte sich der Konvoi in Bewegung.

16. KAPITEL

Es war, als ginge ein flüchtiger Schrecken und ein kurzes ungläubiges Staunen durch die Menge. Für einen Augenblick verirrte sich der Takt der Trommeln, und die Trillerpfeifer schienen kurz nachzudenken und verstummten einige Atemzüge lang. Aus dunklen Wolken platzten plötzlich einzelne schwere Tropfen. Sie klatschten ins Gras, auf die Köpfe der Menschen und zeichneten ein dunkles Mosaik aus Flecken auf ihre Kleider. Die Flecken gingen ineinander über, wuchsen zusammen, und bald waren alle Kleider nass und schwer. Regenperlen tropften in unterbrochenen Fäden von Haarspitzen und krochen feucht den Nacken hinab. Rasch setzte lautes Prasseln ein und Regensträhnen gingen nieder, die aussahen wie Vorhänge.

Drüben am Rand der Wiese wurden bei mehreren geparkten Lastwagen die Seitenplanen geöffnet und mit langen Holzstangen auf die Lastwagendächer geklappt. Aus der Tiefe der Ladeflächen wuchsen grüne Ströme, in denen gelbe Tupfer mitschwammen. In mehreren Pfaden durchzogen sie die Menge und verteilten sich immer weiter. Kurz danach flappte der erste Regenschirm auf. Immer mehr folgten. Es flappte und flappte.

Man hörte das Aufspannen der Schirme tausendfach, und bald war die Wiese übersät von grünen Regenschirmen, auf denen löwenzahngelbe Tupfen leuchteten. Eine Drohne surrte über die Menschenmenge hinweg. Die Bilder, die sie aufzeichnete, glichen einer bunten Blumenwiese.

Kaum war der Platz in ein grünes Meer mit gelben Punkten verwandelt, begannen die Trillerpfeifen, Vuvuzelas und Trommeln wieder mit ihrer Musik. Irgendwo erklang ein »Fam, Fam, Family!« und schwamm als vielfacher Gesang über den Platz.

Das Näherkommen der Landwirte hatten nur wenige bemerkt. Die Traktoren rollten langsam über den Güterweg und wurden dort angehalten, wo der Lattenzaun der Länge nach in die hohe Wiese geknickt war. Ein Dutzend Bauern in Gummistiefeln stapfte nun auf die Menge zu. Vorneweg schritt ein Bauer in einem blauen Arbeitsoverall und mit einer Schildkappe, auf der ein schnaubender Stier abgebildet war. Der Latz der Hose spannte sich über den Bauch des Mannes.

»Raus!«, rief er den Menschen entgegen, die zu Hunderten in seiner Wiese standen. »Raus aus meiner Wiese! Aber sofort!«

In seinem Rücken hörte er seine Forderung von den anderen Bauern etwas blasser, aber trotzdem deutlich wiederholt. »Raus! Raus aus der Wiese!«

Aber die Menge ließ sich nur kurz beeindrucken, einige lächelten verlegen und wurden dann von ihrem

Schlachtruf »Fam, Fam, Family!« abgelenkt, der wie eine Welle auf sie zurollte.

Erneut schrie der Bauer, während er seine Schritte beschleunigte und, so gut es mit seinen kniehohen Gummistiefeln möglich war, in einen ungelenken Laufschritt überging: »Raus aus meiner Wiese, ihr faulen Hunde! Geht lieber arbeiten, als hier alles zu ruinieren. Haut ab, aber sofort!«

Doch keiner der Demonstranten reagierte auf sein Geschrei, und die wenigsten hätten vermutet, dass sie auch nur im Geringsten etwas Unerlaubtes taten oder gar etwas Zerstörerisches angestellt hatten. Kaum einem von ihnen war es überhaupt aufgefallen, dass der Zaun kurz zuvor in die Wiese gerauscht war. Ihnen war nicht einmal bewusst, dass sie sich gerade auf einem fremden Grundstück befanden.

»Raus!«, schrie der Bauer.

Vom Hügel, auf dem sich die Journalisten befanden, lösten sich erste Fotografen, und ein Mann, der eine Kamera auf der Schulter trug, hastete einer Reporterin hinterher, die vorausgeeilt war.

Nun standen sich die Bauern und Demonstranten gegenüber, und die Stimme des ersten Bauern wurde immer schriller, als er begriff, dass seine Worte bei den Demonstranten nur ein unsicheres Lächeln und bei den meisten nicht einmal das hervorriefen. Er tobte. »Verschwindet endlich von meiner Wiese, ihr Gesindel!«

Ein Junge mit langen blonden Haaren trat vor ihn und hielt ihm eine selbstgebastelte Tafel mit der Aufschrift »Peace and freedom for nature« entgegen. Plötzlich ging alles sehr rasch. Der Junge lächelte zunächst und riss dann entsetzt die Augen auf, als der dicke Bauer ihm unvermittelt mehrere schallende Ohrfeigen versetzte.

Die Tafel rauschte ins tiefe Gras. Der Bauer schrie und schlug dem Jungen so hart ins Gesicht, dass er mit ungläubigem Blick in die Knie sank, seitlich in die Wiese kippte und liegen blieb.

»He, was soll das?«, reklamierte ein Demonstrant. »Er hat dir doch gar nichts getan!«

Der Bauer keifte: »Verschwindet von meiner Wiese! Haut sofort ab von hier!«

Eine Frau rannte auf den Jungen zu und ignorierte die Schreie des Bauern. Der Kameramann ging in die Knie und filmte die Frau, die aufgeregt einen Arm hob und kreischte: »Er blutet! Die Rettung! Holt sofort die Rettung!«

Schon eilten einige Männer herbei, nahmen den regungslosen Jungen hoch und trugen ihn hinüber zur Straße, wo das Blinken eines Rettungswagens zu sehen war.

Die Demonstranten, die Zeugen des Geschehens geworden waren, riefen den Bauern entgegen: »Go, go, go away!«

Und bald schallte es über den Platz wie eine große gefährliche Drohung: »Go, go, go away!«

Die Bauern, eingeschüchtert von dem Gesang, schrien mit schrillen Stimmen ihr »Raus, raus aus der Wiese!« und wussten schon während sie schrien, dass das alles umsonst und sinnlos war, und wichen immer weiter zurück.

Der Gesang der Masse klang so bedrohlich, dass die Bauern jäh verstummten und sich mit langsamen, gemessenen Schritten entfernten. In ihren Gesichtern sah man die Angst, die sie plötzlich erfasst hatte.

Nachdem sich der Konvoi der Traktoren in Bewegung gesetzt hatte und sich die Bauern wieder in Sicherheit fühlten, erleichterte sich ihre aufgestaute Angst, indem sie wütend und lange hupten. In ihrem Rücken schwappte noch immer dieses »Go, go, go away« hin und her, das bald von einem Applaus abgelöst wurde, der so laut war, dass er selbst den Regen übertönte, der auf die Dächer der Regenschirme trommelte.

Das Kamerateam, die Journalisten und Fotografen rannten den Männern hinterher, die den regungslosen Jungen hinüber zum Rettungswagen trugen. Einige Fotografen spurteten mit den Fotoutensilien, die an ihren Hüften schlenkerten, voraus, blieben stehen, drehten sich rasch um und versuchten einige Schnappschüsse einzufangen.

Die Rettungskräfte warteten bereits, die Heckklappen des Krankenwagens waren weit geöffnet. Sie hievten den Jungen vorsichtig auf eine Trage, schoben ihn in den Wagen und schlossen die Türen. Kurz danach wankte der Wagen den holprigen Feldweg entlang. Wippte einmal nach links und einmal nach rechts, sackte kurz in ein großes Schlagloch ab und rollte wieder träge aus ihm hervor. Erst nachdem er die asphaltierte Straße erreicht hatte, raste er davon. Die Sirenen heulten, und das blaue Warnlicht blinkte.

Keine 50 Schritte vom Tumult entfernt stand Max. Er hielt sein Smartphone ans Ohr und gab Anweisungen. »Mindestens hundert von uns müssen sofort los, und jemand von der Pressestelle soll die Medien informieren, dass man gerade einen verletzten Demonstranten ins Spital bringt.«

Eine halbe Stunde nachdem der Rettungswagen sein Ziel erreicht hatte, befanden sich schon 200 Mitglieder der Familie vor dem Krankenhaus und blickten besorgt zu jenem Fenster hinauf, hinter dem der blonde Junge in seinem Krankenbett lag. Einige hielten aufgespannte grüne Regenschirme mit den löwenzahngelben Tupfern in der Hand, andere streckten Plakate in die Höhe, auf denen stand »Wir sind bei dir« oder einfach das Wort »Family«.

»Wie ist es möglich«, erkundige sich ein Reporter vor laufender Kamera bei einem Mitglied der Familie, »dass so viele von euch bereits hier sind?«

Eine Frau mit sehr kurzen rotblonden Haaren blickte ernst in die Kamera. In ihrer Hand hielt sie eine brennende Kerze. »Als wir erfahren haben, dass dieser friedlich demonstrierende Junge einer brutalen Gewaltattacke zum Opfer gefallen ist, sind wir sofort hergeeilt, um ihm beizustehen. Felix soll wissen, dass wir da sind, dass wir für ihn beten und an ihn denken. Und wir bleiben hier, bis es ihm besser geht. Einige von uns haben sogar Zelte dabei, Schlafsäcke, Liegematten und Proviant.«

Ein Arzt, der später vor die Kamera trat, erklärte, dass der Junge ein schweres Schädelhirntrauma erlitten habe. Die Lage sei ernst, aber die Untersuchungen hätten ergeben, dass das Opfer außer Lebensgefahr sei. »Wir versichern den Eltern und allen, die sich um Felix Sorgen machen, dass die Ärzte, Krankenschwestern und Helfer alles tun, damit er schnell gesund wird.«

Mit dem Bild Dutzender brennender Kerzen und den ernst blickenden Menschen beendete man die Direktübertragung und wiederholte zum vielfachen Male die schrecklichen Bilder dieses Tages, die ein wachsames Kamerateam eingefangen hatte. Sie zeigten einen blondhaarigen Jungen bewusstlos im Gras liegen, eine verzweifelte Frau, die um Hilfe schrie und einen Krankenwagen, der auf einer asphaltierten Straße davonraste.

Während die Mitglieder mit ihren brennenden Kerzen und Plakaten andächtig vor dem Krankenhaus standen, befanden sich die restlichen Demonstranten nach wie vor auf der Wiese. Es regnete noch immer. Die hohe Wiese des Großbauern war nicht mehr wiederzuerkennen. Das meiste Gras war umgeknickt worden und glich einem grünen Teppich. An manchen Stellen hatten sich kleine Pfützen gebildet, und in Geländemulden stand das Wasser sogar in Teichen, das bis zu den Knöcheln reichte. Von den vielen Schritten war der Boden morastig geworden, und in den Abdrücken von Schuhen schwamm schmutzig graues Regenwasser. Dort, wo die Menschen dicht beisammenstanden, stieg ein warmer Geruch von feuchtem Boden auf. Erde klebte manchem dick an den Schuhsohlen und löste sich in Brocken, wenn sie sich durch das hohe Gewicht nicht mehr halten konnte.

Aber trotz des Regens war die Stimmung auf dem Platz fröhlich und ausgelassen. Es war wie eine große Party. In Wellen schwappte das »Fam, Fam, Family!« über den Platz. Der Takt der Trommeln ging wie ein Herzschlag, und die Trillerpfeifen schrillten laut. Die Menschen lächelten, einige Jugendliche verzichteten sogar auf die Schirme und tanzten mit nacktem Oberkörper, angewinkelten Armen und barfuß zu den Trommelschlägen. An manchen Stellen bildeten sich Menschenschlangen, die Dutzende Meter lang waren. Und während sie sich im Takt der Trommelschläge einen Pfad durch die Menge bahnten, riefen sie ihren Schlachtruf: »Fam, Fam, Family!«

Einige jauchzten vor Freude, andere standen einfach da, lächelten zufrieden und hörten den Trommeln, Pfeifen und Gesängen zu, während schwere Tropfen auf das Dach ihrer Regenschirme klatschten.

Nach drei Stunden löste sich die Demonstration allmählich auf. In langen Prozessionen zogen die Menschen erschöpft mit nassen Kleidern und zu Fetzen gewordenen Plakaten und Transparenten davon. Und in den Radiosendern kamen immer wieder Meldungen, dass sich nach der Beendigung einer Naturschutzdemonstration erneut kilometerlange Staus gebildet hatten.

Im Zelt, das sich am Rand der Wiese befand und Platz für mehrere hundert Menschen bot, wurden Bier und Biolimonade ausgeschenkt, und wer hungrig war, bekam belegte Brötchen oder Bratwürste. Lange Reihen mit Tischbänken liefen durch das Zelt, und vorne befand sich ein Podest, auf dem getanzt wurde. Aus den Boxen schallte Technomusik, Electro und Dubstep. Einige Jungen tanzten wie in Trance, barfuß mit nacktem Oberkörper, und Mädchen machten es ihnen nach und trugen nur noch ihre Büstenhalter zu Röcken oder Hosen.

»Unglaublich«, meinte Amanda zu einem Jungen, der ihr an einem Klapptisch gegenübersaß und erklärt hatte, dass er und seine Kumpel mit einem Fernbus 400 Kilometer hierhergefahren seien. »Solche Opfer bringen. Das finde ich toll. Daran erkennt man, wie wichtig euch die Natur ist.«

Der Junge wankte etwas mit dem nackten Oberkörper. Er hatte die Arme leicht angewinkelt und bewegte sich zum Klang der Musik hin und her, bis er nach einer Bierflasche griff und einen großen Schluck aus ihr nahm. Er war betrunken, das sah Amanda sofort.

»Opfer?«, wiederholte der Junge. »No, no, my baby! Ich bin doch nicht zum Spaß hier. Ich habe 25 Kröten bekommen. Alle hier am Tisch haben 25 Kröten bekommen und die Fahrt war for free, my baby«, erklärte er lallend und zeigte mit ausgestreckten Armen in die Menge. »Alle hier. 60, 70, 80 Leute!« Rasch hielt er sich seinen Zeigefinger vor den Mund. Kurz schloss er die Augen. »Pst. Geheimnis, darfst du niemandem verraten, okay? Niemandem. Bleibt unter uns.«

»Ach«, meinte Max zu Amanda, nachdem sie ihn darauf angesprochen hatte. »Schau ihn dir an. Er hat zu viel getrunken und will sich wichtigmachen. So etwas darfst du nicht ernst nehmen. Komm«, sagte er. »Wir haben so viel geleistet in den letzten Wochen.« Und schon zog er sie mit auf die Tanzfläche. Sie beobachtete seine rhythmischen Bewegungen, seine wiegenden Hüften und seinen Oberkörper, der mit dem Klang der Musik mitzugleiten schien. Sagenhaft, dachte sie, als sie ihm zulächelte. Wie er tanzt. Er kann einfach alles. Als hätte er nie etwas anderes getan.

Später sah sie, wie der betrunkene Junge von zwei Securitykräften etwas grob an den Armen gepackt und aus dem Zelt geführt wurde.

»Hat randaliert«, flüsterte Max Amanda ins Ohr. »Hat herumerzählt, dass er der Boss sei und man ihn sofort loslassen solle, sonst mache er einen Riesenradau. ›Ihr verliert eure Jobs, dafür werde ich sorgen‹, hat er geschrien. Hab's dir doch gesagt. Ein betrunkener Wichtigtuer.« Er lächelte Amanda und Fynn zu, der gerade auf das Podium stieg. »Kommt«, sagte Max. »Kommt tanzen. Wir haben eine Ewigkeit dafür Zeit. Bis morgen früh. Das müssen wir feiern. 57.862. So viele waren heute hier. Los! Lasst uns tanzen. Und wir werden nie wieder damit aufhören.

17. KAPITEL

Zwei Fotografien wurden am nächsten Tag beinahe in sämtlichen großen Tageszeitungen veröffentlicht. Das Bild von Tausenden aufgespannten Regenschirmen und das eines zusammengekrümmten blondhaarigen Jungen, der mit geschlossenen Augen im nassen Gras lag.

»Nicht zu glauben!«, schrieb ein Boulevardblatt, das den wütenden Bauern und den Jungen im Gras nebeneinander auf der Titelseite abgebildet hatte. »Brutalität eines Bauern löst eine Welle der Empörung aus«.

Die allgemeine Stimmung gegenüber Landwirten sank von Tag zu Tag. Der Zorn der Bevölkerung, vor allem der jungen Bevölkerung, entlud sich an allem, was mit Bauern auch nur im Entferntesten in Verbindung gebracht wurde. Der Vandalismus nahm dramatische Ausmaße an. Immer öfter sah man zersplitterte Scheiben von Traktoren, durch Steinschläge verbeulte Karosserien, platte Traktorenreifen und aufgesprayte Verhöhnungen. »Ich hab was gegen die Natur – Glyphosat«. Auf einem Getreideanhänger stand eine Reihe von Chemikalien, die auf Feldern ausgebracht wurden, und zu Tausenden klebten rot umrandete Sticker, die die durchgestrichene Karikatur eines schwitzenden Schweines zeigte und die eines dicken Bauern mit rotem Kopf, der darauf saß. Die Sticker klebten bald überall, an Straßenlaternen, Bushaltestellen, an Auslagescheiben von Metzgereien und auf öffentlichen Plätzen. Nachts wurden Weidezäune umgedrückt oder einfach umgefahren. Tieren, die in Einfriedungen zusammenstanden, öffnete man die Tore, damit sie endlich frei waren und von den Schussapparaten der Metzger verschont blieben. Das Vieh stand plötzlich in den angrenzenden Wäldern, neben Landstraßen, graste an begrünten Böschungen in der Nähe von Autobahnauffahrten oder ruhte auf Parkplätzen vor Supermärkten, während es mit malmenden Kiefern Gras wiederkäute. Es war nur dem Zufall zu verdanken, dass die Tiere nicht mit Fahrzeugen kollidierten, wenn sie plötzlich eine Straße überquerten, um neue Futterplätze zu erobern.

Die Preise für landwirtschaftliche Produkte brachen innerhalb weniger Tage vollkommen ein. Milch, Butter oder Käse waren plötzlich nicht mehr zu verkaufen. Viele Bauern mussten ihre Produkte zu Dumpingpreisen veräußern. Berge von abgepacktem Fleisch endeten in Tierkadaververwertungen, da es niemand mehr kaufen wollte. Und immer wieder erschienen negative Artikel über Landwirte und ihre Betriebe. Bestialische Haltungsbedingungen von Hühnern, verschmutzte Kühe in verwahrlosten Stallungen, Fotos von Schweinen, die hinter Luftschlitzen von Tiertransportern litten.

Nach einigen Monaten konnten die ersten Bauern, die kurz zuvor noch große, zeitgerechte Stallungen errichtet hatten, ihre Kreditraten nicht mehr aufbringen und veräußerten ihre Höfe, bevor sie Gefahr liefen, bei einer Zwangsversteigerung ihr Anwesen mit hohen Einbußen zu verlieren.

17 von 107 Bauern trennten sich innerhalb eines halben Jahres von ihren Höfen, und immer öfter bekamen sie die negative Stimmung zu spüren, die sich gegen sie entlud.

Während die Landwirte unter der Medienberichterstattung zunehmend litten, sprudelte das Geld für die Familie beinahe unerschöpflich. Die Familie war auf einmal so bekannt, dass die Spenden nun aus fast allen Ländern der Welt eingingen.

Was viele Landwirte, die inzwischen eine große Abneigung gegen die Familie entwickelt hatten, nicht wussten: Mitglieder der Familie erwarben über Strohmänner einen Hof nach dem anderen, lösten die Betriebe danach auf und überließen sämtliche landwirtschaftliche Flächen dem Lauf der Natur.

Kurz vor Weihnachten gab die Familie für besonders engagierte Mitglieder und große Gönner ein Galadiner. Über 500 Menschen waren geladen. Als der Höhepunkt des Abends nahte, trat Max mit einem Mikrofon auf die Bühne des Festsaales und strahlte. »Danke, dass ihr alle gekommen seid. Es war ein erfolgreiches, ein sehr erfolgreiches Jahr für die Familie.«

Kaum hatte er das Wort »Familie« in den Mund genommen, rief eine Stimme aus dem Publikum: »Fam, Fam, Family!« Sofort vervielfachte sich der Ruf und schallte bald groß und mächtig durch den Saal.

»Ich weiß«, setzte Max fort, nachdem er lächelnd einen Arm gehoben hatte und der Gesang langsam verebbte. »Dieser Augenblick ist längst überfällig, und ich weiß aus tiefster Überzeugung, dass ihnen diese Anerkennung gebührt. Ohne sie wären wir nicht hier. Ohne sie hätten wir unseren erfolgreichen Weg niemals gehen können, da wir nicht gewusst hätten, wo er beginnt. Sie verkörpern all das, was wir bewundern, und manchmal auch ein bisschen beneiden. Grenzenlose Leidenschaft, Hingabe und Ausdauer bis zur Erschöpfung. Ich spreche von Menschen, denen es ein großes Leid verursachte, als sie davon erfuhren, dass man ein kostbares Moor für die Landwirtschaft opfern wollte, und denen eine beispiellose Spendenaktion gelungen ist, um dieses Naturjuwel zu retten. Die Spendenaktion für das Moor war der Stein, der all das Gute und Unglaubliche ins Rollen gebracht hat, was wir heute erleben dürfen.«

Max machte eine kurze Pause. Für einen Augenblick war es vollkommen still im Saal. Bis einer rief: »Auf die Bühne, holt sie auf die Bühne!«

Mit euphorischer Stimme sagte Max: »Danke, dass es euch gibt. Amanda und Fynn, kommt bitte zu mir!«

Amanda und Fynn rieselte es kalt den Rücken hinab. Nie zuvor in ihrem Leben hatten sie auch nur ansatzweise ein so überwältigendes Gefühl verspürt wie in diesen Momenten, als sie durch ein Spalier aus Applaus und »Fam, Fam, Family!«-Rufen durch die Menge gingen. Es war unglaublich. So, als würden sie fliegen, als pumpe das Herz plötzlich mehr Blut durch die Adern. Es knisterte in ihnen, und Adrenalin peitschte durch ihre Körper.

Wenig später schüttelte Max ihnen die Hände. »Wir haben uns für euch etwas Besonderes einfallen lassen. Ab heute werden all jene Mitglieder – und ich darf jetzt schon verraten, dass es nicht viele sein werden –, die Großes für die Familie geleistet haben, eine besondere Auszeichnung erhalten. Eine goldene Anstecknadel mit sieben Diamanten als Zeichen unserer Vision, dass eines Tages alle sieben Täler der Familie gehören werden.«

Tosender Applaus setzte ein und ein mächtiges »Fam, Fam, Family!« erklang.

Während Max Amanda die Ehrennadel ansteckte, sah Fynn, dass ihre Fingerspitzen leicht zitterten. Als wenig später dicke Tropfen über ihre Wangen kullerten, wurde er von diesem Anblick einfach überwältigt. Obwohl es ihm peinlich war, konnte er sich nicht dagegen wehren und heulte vor Freude los wie ein kleines Kind.

Spät in der Nacht saßen Amanda und Fynn im Wohnzimmer der Großmutter. Es war ganz still. Der Rummel der letzten Stunden hallte in ihnen nach. Auf dem Beistelltisch standen zwei Gläser, aus denen kleine Kohlensäurebläschen aufstiegen, die manchmal mit einem feinen Knistern aus dem Glas sprangen. Sie gönnten sich sonst nie etwas so Teures und sie hielten eigentlich auch nicht viel davon. Aber zur Feier des Tages hatten sie sich heute eine Flasche Veuve Clicquot besorgt.

»Das haben wir uns heute verdient«, sagte Fynn fröhlich.

»Wir haben es weit gebracht«, sagte er, als sie die Gläser hoben und anstießen.

»Wir haben Einfluss auf das Gute und sogar die Macht, Positives zu bewirken«, erwiderte Amanda.

»Wenn wir so weitermachen, können wir wirklich Grundlegendes verbessern. Für unsere Nachfahren, für die Kinder von morgen.«

»Mehr kann man nicht erreichen«, sagte Fynn zufrieden.

»Nein, mehr geht eigentlich nicht.«

»Was macht ihr noch so spät?«, fragte die Großmutter auf einmal, die im Nachthemd in der Tür stand. Und beide strahlten.

Fynn nahm sie in die Arme und drückte sie fest an sich. »Ach, Omi, ich bin so froh, dass es dich gibt.«

Dann erzählten sie ihr die gesamte Geschichte. Die

Großmutter war gerührt und sagte: »Was für Augenblicke. Was für kostbare Augenblicke ihr doch erlebt«.

In der Familie war es deutlich zu spüren. Seit der Demonstration hatte sich etwas verändert. Es fühlte sich an, als ob ihre Mitglieder gewachsen wären, als seien sie kräftiger und mächtiger geworden. Es war dieses epische Bild, dieses Meer aus Tausenden grünen Regenschirmen mit den gelben Tupfern, das für die meisten zu einem Symbol der Einheit und Ausdauer geworden war. Fast jede Zeitung hatte es abgedruckt, und plötzlich wusste jeder von diesem Naturschutzgebiet, das durch Spendengelder ermöglicht worden war. Und jeder wusste, wo dieses zerklüftete Land mit den sieben Tälern lag.

Glückwunschmails und Briefe trafen ein. Die Nachrichten kamen von überall. Aus Burundi, Guatemala, Bangkok oder Peking. Aus Moskau, Wladiwostok, St. Petersburg und Kiew. Aus Hongkong, Dubai und San Francisco. Es war unglaublich. Ein Mann aus Buenos Aires fragte an, ob er für die Familie arbeiten dürfe. Er fordere nur ein Bett und drei Mahlzeiten am Tag.

Die meisten wollten Antworten auf dieselben Fragen: Was war das Geheimnis dieses großartigen Erfolges? Wie schaffte man es, dass es Meldungen über Gelbbauchunken sogar bis in die Hauptnachrichten schafften? Wie mobilisierte man Zehntausende, um gegen Landwirte zu demonstrieren, die nicht achtsam mit der Natur umgingen? Die Familie war plötzlich zum Vorbild für viele Naturschutzvereine und Organisationen geworden. Beinahe täglich gingen Anfragen im Büro der Familie ein. Reisegruppen aus Übersee meldeten sich an. NGOs, die etwas über die PR-Techniken lernen wollten, die von der Familie so erfolgreich angewandt wurden.

Einmal sprach Max vor einer Delegation aus dem australischen Canberra, die sich seit Jahren mit mäßigem Erfolg für Koalabären einsetzte. Sie wollten vor allem wissen, wie die Familie beinahe über Nacht so populär werden konnte.

»Es gibt keine Geheimnisse«, erklärte Max und machte eine kleine Pause. Es schien, als denke er nach, und meinte schließlich: »Es sei denn, Sie bezeichnen Hingabe, Willen und Ausdauer als Geheimnisse, die niemand kennt.«

Alle Anwesenden grinsten.

»Ja, und wir haben Familiensinn. Die Familie steht für uns über allem. Sie ist unsere Heimat, unser Anker, unser Nest. Und wir achten sehr darauf, dass sich alle in diesem Nest wohlfühlen. So schaffen wir die Basis für unsere Ausdauer und Beharrlichkeit, für unseren Opfersinn und unsere Hingabe. Ja, es ist die gleiche Nestwärme, die in einer liebevollen Familie erfahren wird. Genau diese Nestwärme verschafft uns diese ungemeine Kraft, die in diesen Tagen vielerorts durch Egoismus und Rücksichtslosigkeit verschüttet ist. Ja, unser

Erfolg ist die Familie. Ich glaube, damit ist alles, was uns ausmacht, auf einen einzigen Satz reduziert.«

Amanda, die in der letzten Zuschauerreihe saß, musste ihm zustimmen. Die Sache war so einfach und zugleich von einer so mächtigen Logik. Man musste nur das Einmaleins des Lebens verstehen, um die Welt zum Guten zu verändern.

18. KAPITEL

Die Nachricht erschütterte alle. Niemand hatte zuvor von so etwas Barbarischem gehört oder gelesen. Die Tat, die sich in unmittelbarer Nähe des Naturschutzgebietes ereignet hatte, konnte jedoch unmöglich von einem Einzelnen ausgeführt worden sein. Es mussten mehrere, vielleicht sogar Dutzende daran beteiligt gewesen sein. Die Unbekannten waren im Schutz der Dunkelheit in einen Viehstall eingedrungen, hatten dort 50 Rinder betäubt und ihnen danach die Beine gebrochen. Eine Stunde später ließ die Betäubung nach, und je mehr der künstliche Schlaf verebbte, desto grausamer erwachte in den Tieren der Schmerz.

Irgendwann in dieser Nacht wurden der Großbauer und alle, die auf seinem Anwesen lebten, durch das Gellen der Tiere aus dem Schlaf gerissen. Als der Bauer in der weitläufigen Stallung die Neonröhren anknipste, die sich nach kurzem Flackern erhellten, stockte ihm der Atem. Ungläubig blickte er in die entsetzten Augen seiner Rinder, hinter denen qualvolle Schmerzen tobten. Wie hingewürfelt lagen sie mit gebrochenen und zerschlagenen Beinen am Boden und schrien.

Als der Tag graute, saß der Bauer in einer Ecke des

Stalls auf einem alten Melkschemel und weinte vor Trauer und Wut. Er schluchzte, rotzte und wischte sich mit dem Hemdsärmel des Pyjamas, den er unter seinem blauen Arbeitsoverall trug, die Tränen aus den Augen.

Vor einer halben Stunde hatte man das letzte Rind notgeschlachtet. Er wolle jetzt allein sein, hatte er seiner Frau, den Kindern und allen anderen auf dem Hof danach gesagt: »Allein sein, jetzt. Verschwindet!«

Sein Schluchzen hallte einsam durch die leere Halle, in der es gespenstisch still war. Das gewohnte Kauen, Mampfen und Muhen der Kühe fehlten. Keine einzige Kette klirrte. Da war nichts mehr, nichts außer seiner Trauer und seinem Schluchzen. Wer tut so etwas, dachte er immer wieder, während er weinend den Kopf schüttelte.

Nach langer Zeit des Unmuts erwachte in der Bevölkerung auf einmal Mitleid für die Bauern. Sie waren es doch, die tagtäglich frühmorgens in ihren Ställen standen, die Kühe fütterten und molken, damit die Menschen zum Frühstück ihre Milch in die Cornflakes gießen konnten. Sie waren es doch, die sich fast nie einen Urlaub gönnten, da sie sich jeden Tag mehrmals um ihre Tiere zu kümmern hatten. Und die Pflanzen in den Gärten, die mussten regelmäßig gegossen werden, damit man auf dem Markt frisches Gemüse und Obst bekam. Und dann die Sache mit den gequälten Rindern. Nein, so etwas hatte kein Einziger der Landwirte verdient.

Einige kritische Journalisten behaupteten, dass die

Familie ganz wesentlich schuld am Bashing der Bauern sei und die Spirale der Gewalt gegen sie sogar noch vorangetrieben habe.

Max erklärte während einer Pressekonferenz, dass er diese Quälerei an wehrlosen Wesen aufs Schärfste verurteile. Das sei ein barbarischer Akt kranker Individuen gewesen, und er hoffe, dass dieses Verbrechen bald aufgeklärt werde und die Verantwortlichen für ihre schrecklichen Taten eine gerechte Strafe erhielten. Die Familie sei so bestürzt über diesen Vorfall, dass ihre Mitglieder beschlossen haben, dem Bauern 50 Rinder zu schenken, wenn die Haltung der Tiere ihren biologischen und naturschützerischen Anforderungen entspreche. Dem Bauern 50 Rinder zu schenken, sei nicht viel. Aber es sei eine ehrliche Geste und ein Zeichen der Anteilnahme.

Der Bauer lehnte ab. Er benötige keine Almosen von einer Organisation, die schon 17 seiner Kollegen in den Ruin getrieben habe und seit Monaten eine nie zuvor erlebte Hetze gegen seinen Berufsstand betreibe.

Der Aufruhr um die grausam gequälten Tiere verebbte gerade, als in einer einzigen Nacht in vier Stallungen insgesamt 370 Rinder auf dieselbe Art wie zuvor misshandelt und verletzt wurden. An den Stallwänden sah man in grellgelber Farbe eine Litanei aus chemischen Substanzen aufgelistet, die in diesen Mastviehbetrieben zum Einsatz gekommen waren. Zudem war an alle Stallungen in großen Lettern das Wort »SCHANDE« geschrieben worden.

Während der Aufruhr in der Öffentlichkeit am größten war, begannen die ersten der verbliebenen Bauern, ihre Anwesen zu verkaufen. Innerhalb eines Jahres war die Zahl der landwirtschaftlichen Betriebe in der Region von 107 auf 12 gesunken. Und die letzten Bauern, die sich beharrlich gegen den Lauf der Zeit gewehrt hatten, mussten ihre Höfe schließlich mit großen Verlusten veräußern, da sich kein Landwirt mehr in dieser agrarfeindlichen Gegend niederlassen wollte. Ja, die Gegend wurde für Insider sogar zur landwirtschaftlichen Hochrisikozone erklärt, in der nicht einmal die verrücktesten Desperados auch nur einen Quadratmeter Fläche erwerben wollten.

Gleichzeitig wuchs das Gebiet der Familie ständig an und überschritt in diesen Tagen die 100.000-Hektar-Grenze, zugleich war es inzwischen frei von jedem landwirtschaftlichen Betrieb. Der innere Kern der Familie feierte dieses Ereignis in aller Stille mit Butterbroten und Most, dessen Kohlensäure knisterte wie die von Champagner. Es schien, als hätten sie die Schlacht gegen einen unzerstörbar scheinenden Gegner siegreich zu Ende geführt.

19. KAPITEL

Es waren weitere Zeichen von Macht und Größe. Man spürte, dass die Familie in Naturschutzsachen immer mehr zum zentralen Herzschlag der Welt wurde.

Auch Fynn und Amanda konnten sich nicht gegen dieses Gefühl wehren, obwohl sie zu Beginn glaubten, irgendetwas Unrechtes zu tun. Aber sie ließen es trotzdem zu, weil es süß war wie Honigkuchen und weil es sie auf einmal stark, sehr stark werden ließ.

»Es ist so«, erklärte Amanda Fynn in diesen Tagen, »als gäbe es da ein internationales Filmfestival mit Dutzenden Fotografen, Blitzlichtern und Journalisten, die unbedingt ein kurzes Gespräch mit den Stars suchen. Und natürlich sind da die Fans, die aufgeregt kreischen. Aber auf einmal ist es so, als ob wir nicht mehr diejenigen sind, die hinter der Absperrung stehen, ihren Stars zurufen, vor Aufregung heulen und sie um ein Autogramm anbetteln oder vielleicht eine Berührung von ihnen erhaschen wollen, sondern als wären wir selbst die Stars, die auf dem roten Teppich entlanggehen, deren Namen man ruft und denen man aufgeregt zuwinkt.

Ja, so empfinde ich das manchmal. Eigentlich darf

man es ja gar nicht sagen. Aber das alles fühlt sich einfach verdammt geil an.«

Fynn nickte. Ihm ging es genauso. Dieses Gefühl hatte beinahe etwas Magisches.

Immer öfter hielten Limousinen mit getönten Scheiben vor dem Hauptgebäude der Familie. Man spürte es auch hier. Dies war ein Ort von hoher Wichtigkeit, hier traf sich die Welt.

An einem Freitagmorgen erschien eine weitere dieser Limousinen. Es war beinahe wie in einem Film. Der Wagen wurde von zwei SUVs in die Mitte genommen, was den Eindruck der Mächtigkeit der ankommenden Person noch verstärkte. Eine junge Frau in einem knielangen blauen Kostüm sprang vorne aus der Limousine und öffnete mit großer Eleganz die Hintertür. Zuerst sah man nur schwarz lackierte Schuhe, die langsam aus dem Wagen glitten, danach Hosenbeine und zuletzt stand ein etwa 50-jähriger Mann mit kurzgeschnittenen, dichten grauen Haaren auf dem Vorplatz des Hauptgebäudes. Er trug einen edlen Anzug, dem man sofort ansah, dass er sehr teuer gewesen sein musste.

Max hatte an diesem Freitagmorgen die 24 Vertreter aller Mitglieder in das Sitzungszimmer der Familie gebeten, um eine wichtige Angelegenheit zu besprechen.

Als Amanda und Fynn den grauhaarigen Mann in seinem noblen Anzug sahen, ahnten sie es sofort: Dieser Mensch hatte Einfluss, und obwohl er mild lächelte und ihnen sanft die Hände drückte, spürten sie, dass sich hinter dieser Höflichkeit eine große Kraft verbarg, vielleicht sogar Brutalität und Gewalt, wenn es die Situation erforderte.

Die Bewegungen des Mannes waren sehr ruhig und beherrscht. Sie glichen denen einer Raubkatze, die keine Feinde fürchtete.

Max eröffnete die Besprechung und betonte, dass er heute eine der wichtigsten Persönlichkeiten der Gegenwart begrüßen dürfe, und setzte nach, dass sich an diesem Vormittag vielleicht die weitere Zukunft der Familie entscheide. Dann gab er dem grauhaarigen Mann das Wort. Er schwieg etliche Sekunden. So, als gehöre dies zu einem lang erprobten und bewährten Ritual. Je länger er schwieg, desto stiller wurde es im Raum.

Alle versuchten leise zu atmen, niemand wagte es, auch nur einen Teelöffel in die Hand zu nehmen, um Milch oder Zucker in seiner Tasse Kaffee unterzurühren.

»Ich darf mich vorstellen«, begann er schließlich. »Ich heiße Rick Carlan. Es würde mich nicht überraschen, wenn Sie meinen Namen noch nie gehört hätten. Öffentlich trete ich in der Regel nie auf. Publicity, ich mag sie nicht«, sagte er selbstbewusst. Danach verstummte er wieder und nahm einen Schluck Wasser. »Ich bin in einem Armenviertel in Bukarest aufgewachsen. Meine Mutter musste mich und meine vier jüngeren Geschwister allein großziehen. Als ich

14 war, borgte ich mir von ihr das Haushaltsgeld für zwei Wochen, kaufte ein Zugticket und fuhr nach Berlin.« Er lächelte mild. »Später habe ich ihr diesen Kredit mit gutem Zins zurückerstattet. Und ich glaube, dass sie bereits damals, als ich mir das Geld von ihr nahm, nicht böse war, da sie meinen Mut und meine Kühnheit insgeheim bewunderte. Ich fand mich danach in den großen Städten dieser Welt rasch zurecht und machte durch glückliche Spekulationen an der Börse innerhalb weniger Jahre ein Vermögen. Ich investierte in Immobilien und später in Afrika in den Abbau von Diamanten, Lithium, Kobalt, Uran und anderen Rohstoffen. Ich gebe zu, dass ich der Natur, vor allem in Afrika, schwere Wunden zufügte, obwohl mir das anfangs gar nicht bewusst war. Trotzdem wurden in meinem Auftrag Umweltsünden begangen, manchmal sehr große Sünden. Und irgendwann, scheinbar aus heiterem Himmel, wachte ich nachts aus einem Alptraum auf, der mich so aufwühlte, dass ich danach keinen Schlaf mehr fand. Ich träumte von zerstörten Wäldern, die man in riesige asphaltierte Parkplätze verwandelt hatte, von türkisblauen Seen, auf denen hässlich irisierende Ölteppiche schwammen. Und am Ufer versuchten Vögel mit ölgetränktem Gefieder verzweifelt mit ihren Flügeln zu schlagen. Aber es war umsonst, denn das Öl war schwer und klebrig, und die Vögel konnten sich nie mehr in die Lüfte erheben. In dieser Zeit jagte mich ein Alptraum nach dem anderen.

Eines Tages spürte ich, dass es so nicht weitergehen durfte. Ja, und seit einiger Zeit investiere ich vor allem in Projekte, die zwar keinen materiellen, aber dafür einen umso größeren seelischen Gewinn mit sich bringen und sozusagen eine ›Herzensrendite‹ abwerfen. Deshalb bin ich hier. Ich habe mit Herrn Bonnermann lange Gespräche geführt. Er hat mir den Werdegang der Familie genau beschrieben, und ich glaube, dass ich zur weiteren Entwicklung Ihres Projektes erheblich beitragen könnte. Um es kurz zu machen, ich wäre unter gewissen Bedingungen bereit, Geld, sehr viel Geld zu investieren, um Ihrer Vision der sieben Täler zur Wirklichkeit zu verhelfen.«

Den meisten Anwesenden stockte der Atem.

»Unglaublich«, flüsterte Fynn Amanda aufgewühlt ins Ohr. »Das ist einfach unglaublich.«

In die Stille, die durch den Raum ging, ergriff Max das Wort. »Ich gebe es offen zu: Als ich von diesem Vorschlag hörte, war ich genauso verblüfft wie ihr.« Er holte Luft und seufzte, als ob genau in diesem Augenblick seine schwierige Mission begänne. »Uns werden gegenwärtig Möglichkeiten eröffnet, von denen wir früher nur in unseren kühnsten Visionen träumen durften. Wir wissen, dass die Kosten für den Erwerb aller Flächen, die wir benötigen, um das Schutzgebiet der sieben Täler zu verwirklichen, trotz des teilweise steilen, unwegsamen Geländes und ihrer unwirtschaftlichen Lage enorm sind und es Jahrzehnte dauern würde, bis sie uns gehörten.« Nun blickte er zu Fynn und Amanda. »Die Haupteigentümer des Schutzgebietes sitzen unter uns. Sie haben die Stimmenmehrheit in kritischen und wichtigen Fragen rund um das Schutzgebiet. Herr Carlan wäre bereit, seine große Investition zum Schutz der Natur und letztlich auch zum Schutz der Menschheit zu tätigen, wenn Amanda und Fynn sich vorstellen könnten, ihr Erbe einem Fonds zu übertragen. Herr Carlan wäre dann der Haupteigentümer der sieben Täler und hätte dadurch das Recht, über das Gebiet zu bestimmen. Jedoch wäre es ihm vertraglich untersagt, das Gebiet jemals zu veräußern.«

Max sah wie Amanda und Fynn plötzlich sehr ernst wurden und behutsam nickten.

»Herr Carlan ist in den letzten Jahren mehrfach durch seine philanthropischen und umweltfreundlichen Aktionen aufgefallen. Zum Beispiel hat er im syrischen Bürgerkrieg Flüchtlingscamps errichten lassen und für die Unterbringung von Tausenden Menschen gesorgt, die vor dem Tyrannen Assad Schutz suchten. Er hat hohe Beträge in Klimaschutzmaßnahmen investiert. Und er hat das Projekt »Jeder Mensch ein Baum« ins Leben gerufen und in Brasilien geschätzte acht Milliarden Bäume pflanzen lassen, um neue Urwälder zu begründen. Die Liste könnte lange weitergeführt werden, aber ich glaube, allein diese Beispiele beweisen die ehrlichen Absichten von Herrn Carlan. Ich weiß, die Entscheidung ist von großer Tragweite. Deshalb wäre mein Vorschlag, eine Nacht darüber zu schlafen. Herr Carlan ist noch zwei Tage in der Gegend, und er wäre sehr erfreut, wenn wir ihm morgen unsere Entscheidung mitteilen könnten.«

Die Gedanken kreisten nur so durch Amandas und Fynns Köpfe. So blieb es den gesamten Tag, bis zur Nacht. Sie recherchierten über Rick Carlan im Internet. Einige Journalisten kritisierten seine ehemals rücksichtslose Art, Profite zu erwirtschaften, einige wunderten sich über seinen plötzlichen Sinneswandel vom Bullen an der Börse zum Philanthropen und Naturschützer. Aber die meisten Stimmen verziehen ihm seine Vergangenheit und lobten sein Engagement für die Menschheit und Natur in der Gegenwart.

»Du kannst sagen, was du willst Fynn, aber ich finde, dass er ein grundguter Mensch mit ehrlichen Absichten ist. Verschwörungstheorien wirst du über so erfolgreiche Menschen immer finden. Das bleibt nicht aus. Dieser Mann hat hohe ethische Ansprünge. Das kann man einfach nicht bestreiten.«

»Puuhh«, seufzte Fynn, »das nimmt Formen an, die mich beinahe überfordern.

Amanda saß in ihrem Nachthemd auf dem Bett und schlürfte etwas Tee.

»Wenn wir zustimmen«, fuhr Fynn fort, »könnte das Gebiet der sieben Täler in absehbarer Zeit Wirklichkeit werden. Es würde in einem Atemzug mit dem Amazonasbecken genannt werden, dem Yellowstone oder dem Serengeti Nationalpark. Ich meine, das wäre so, als würde man in den Olymp des Naturschutzes aufgenommen werden. Die Krönung, weit über unser Leben hinaus.«

Amanda nickte und beugte sich zum Nachtkästchen hinüber, um ihre Tasse abzustellen. Anschließend rückte sie die Kissen am Kopfende des Bettes zurecht und setzte sich aufrecht hin.

Fynn lächelte. »Ich hätte niemals gedacht, dass wir einmal über solche Dinge nachdenken müssen. Ich meine, wenn mir das jemand vor zehn Jahren gesagt hätte … Das ist ja beinahe ein bisschen spooky.«

»Wir haben mehr erreicht, als wir uns jemals erträumt haben«, ergänzte Amanda. »Es geht um die Natur, Fynn. Um die Natur und um deren Erbe. Wir müssten zwar auf unser Erbe und unser Stimmrecht verzichten, aber letztlich wollen wir doch alle dasselbe. Und der Natur ist es egal, wer für sie in ihrem Sinne handelt.«

»Ja«, sagte Fynn. »Die Hauptsache ist, dass es der Umwelt gut geht.«

»Weißt du, was ich denke, Fynn? Unsere Enkelkinder sollen einmal sagen können: ›Unsere Großeltern haben das geschaffen. Sie sind es gewesen, die das alles ermöglicht haben.‹ Und wenn wir ehrlich sind: Das Schutzgebiet ist nicht unser Eigentum. Es war eigentlich nie unser Eigentum. Es gehört sich selbst; und ich finde, wenn sich jetzt diese einmalige Möglichkeit bietet, es noch größer, noch vielfältiger und artenreicher zu machen, sollten wir diese Chance nutzen, bevor sie vielleicht für immer vertan ist.«

Amanda und Fynns Hände zitterten ein wenig, als sie am nächsten Tag im Verhandlungszimmer der Familie saßen. Während sie ihre Stifte auf die Verzichtserklärung setzten und sie unterschrieben, spürten sie, wie ihre Herzen vor Aufregung hämmerten. Amanda blickte auf das Elefantenhautpapier vor sich und sah, wie sich gerade ein großer Tropfen in das Blatt sog und bald eine kleine Welle warf. Ein weiterer Tropfen fiel auf das Blatt und noch einer. Sie weinte vor Rührung. Amanda und Fynn wussten, dass sie gerade einen der wichtigsten Augenblicke ihres Daseins erlebten.

Sie hatten es getan. Sie waren im Begriff, das Schutzgebiet der sieben Täler aus der Vision in die Wirklichkeit zu bringen, ins echte Leben, und das machte sie stolz, unglaublich stolz.

20. KAPITEL

Die weitere Vergrößerung des Gebietes ging rasant vor sich. Ein Flecken nach dem anderen wurde dem Eigentum der Familie einverleibt. Manchmal bezahlte sie exorbitante Preise für rare Grundstücke. Der größte Finanzier war jedoch Rick Carlan. Geld schien ihm egal zu sein. Er wollte mithelfen, das Ziel zu erreichen, und er tat es mit der Vehemenz eines Bullen. Innerhalb von zwei Jahren wuchsen die einzelnen Flecken des Gebietes zusammen und ergaben zuletzt ein geschlossenes Ganzes. 260.100 Hektar. So groß war das Gebiet schließlich. Was am Anfang unmöglich erschien, war nun vollbracht. Das Naturschutzgebiet der sieben Täler war Wirklichkeit geworden. »Es ist wie ein Wunder«, schwärmten viele Naturschützer. Und etwas begannen die Gegner der Familie zu spüren. Niemand musste es aussprechen, trotzdem wusste es jeder. Wer nicht Freund der Natur war, war ihr Feind, mit allen drastischen Folgen, die für den Schwächeren dieser Feindschaft damit verbunden waren.

Der Wind der Veränderung zeigte sich fast überall. Endlich fingen die Menschen an, die Natur so zu behandeln, wie es ihr zustand: achtsam und mit Respekt.

Einige bekamen Angst vor der stillen Gewalt der Naturschützer. Das spürte man, und das spürten auch die Naturschützer. Die Öffentlichkeit begegnete den Aktivisten in ihren grünen T-Shirts, auf denen eine Gelbbauchunke abgebildet war, größtenteils mit Wohlwollen und beinahe mit Ehrfurcht.

Das Schutzgebiet war in diesen Tagen indirekt sogar noch vergrößert worden. Ganz offiziell. Denn die Regierung hatte beschlossen, dass drei Kilometer um das Gebiet herum keine Pestizide oder Kunstdünger mehr ausgebracht werden durften. Zudem war es dort verboten, Wälder zu roden. Und wer darauf verzichtete, in seinem Wald Bäume zu fällen, erhielt dafür sogar eine Subvention.

Hielt sich jemand nicht an die Vorgaben, bekam er nicht nur eine Strafe von der Behörde, sondern zudem Besuch von Mitgliedern der Familie. So wie ein Bauer etwa, der Restbestände an Pestiziden und künstlichem Dünger unerlaubt auf seinen Feldern ausgebracht hatte. Eines Nachts, als alle schliefen, klaffte auf einmal eine Lücke im Weidenzaun, die Türen seiner Kuh- und Schweineställe standen offen und der Verschlag des Hühnerstalls.

Einmal wurde ein Holzfäller von einem aufmerksamen Passanten dabei gefilmt, als er in seinem eigenen Wald mehrere Dutzend Haselnusssträucher fällte. Schon eine halbe Stunde später war das Video, das ihn dabei zeigte, im Internet 8.000-mal angeklickt worden, und am nächsten Tag erschienen mehrere Dutzend junger Menschen in grünen T-Shirts mit dem Abbild einer Gelbbauchunke auf der Brust in seinem Wald und sahen dem Holzfäller zu, wie er gerade damit begann, eine schöne alte Fichte zu fällen.

Was er da machte, war in ihren Augen Mord an einem Lebewesen, Mord an der Natur und der Biodiversität. Weiße Holzspäne schneiten aus dem Stamm, kurz danach klickte der Fallkerb aus dem Baum und rauschte auf den nadelbedeckten Boden.

Ein Mädchen, das Maggy hieß und Teil der Gruppe war, flüsterte entsetzt: »Er tötet ihn. Er tötet ihn.« Und dann rief sie laut: »Hör auf! Bitte hör auf. Du tust ihm doch weh!«

Erst jetzt bemerkte der Holzfäller die vielen Menschen auf dem Hügel. Er stellte die Motorsäge ab und klappte das Visier und die Ohrenschützer seines Schutzhelmes hoch. Langsam trat er auf die Jugendlichen zu und blieb dicht vor ihnen stehen.

Er schwitzte ein wenig. Seine dunklen Augen und der volle graue Bart verliehen ihm etwas Unheimliches. »Was wollt ihr hier?«, fragte er etwas verblüfft.

»Bitte«, flehte Maggy. »Bitte nicht die Bäume töten. Das tut ihnen weh.«

Der Holzfäller schüttelte nur den Kopf und erwiderte: »Verschwindet aus meinem Wald, ihr Spinner.«

Aber die Jugendlichen blieben stehen. Mit einer wegscheuchenden Handbewegung wandte sich der Holzfäller wenig später ab und dachte: Das ist dein Wald, das sind deine Bäume, und niemand kann dich zwingen einen Subventionsantrag zu stellen, der dich dazu verpflichtet, keine Bäume mehr zu fällen. Seit Jahrhunderten haben deine Vorfahren hier Bäume gefällt und gepflanzt, und du wirst diese Tradition fortsetzen.

Dann ging er zurück zum Baum, klappte das Visier und die Ohrenschützer des Schutzhelms hinunter und startete die Motorsäge. Bald gellte der Lärm der Säge wieder durch den Wald und erneut schneiten weiße Holzspäne durch die Luft. Nach einer Weile verstummte die Motorsäge. Der Holzfäller setzte einen Fällkeil an und trieb ihn mit einer Axt in den Stamm. Der Wipfel des Baumes begann zu zittern und hin und her zu schwanken. Dann rief der Holzfäller: »Baum fällt!«, und Augenblicke später fing die Fichte an zu ächzen und geriet aus ihrem Gleichgewicht. Ihre Krone streifte Äste, rauschte an anderen Bäumen vorbei und schlug mit einem dumpfen Poltern auf dem Waldboden auf. Der Windstoß, den der Baum erzeugte, war so groß, dass er sogar kurz mit den Haaren der Jugendlichen spielte.

»Er hat ihn umgebracht«, weinte das Mädchen und zitterte wie kleines Kind. »Das darf er nicht tun. Das darf er doch nicht tun.« Fynn hielt sie und streichelte ihren Rücken. »Sie wollen doch nur leben«, erklärte sie.

Auf einmal schrie Maggy dem Holzfäller aufgebracht zu: »Das dürfen Sie nicht tun! Er hat Ihnen nichts getan!

Bitte«, flehte sie, »bitte tun Sie den Bäumen nicht mehr weh.«

Während sie mit bebender Stimme weiterkrächzte und ihr Tränen über die Wangen rollten, sah sie, wie der Holzfäller kurz zu ihnen herüberblickte, flüchtig den Kopf schüttelte und anfing, den nächsten Baum zu fällen.

Am nächsten Morgen erhielt der Holzfäller Besuch von mehreren Journalisten und Fotografen. Er wolle mit dem Holz der gefällten Bäume einen neuen Schuppen für sein Brennholz errichten, erklärte der Holzfäller den Journalisten. Der alte sei morsch und tauge nichts mehr. Und plötzlich seien diese Verrückten in seinem Wald gestanden. Dutzende Verrückte in grünen T-Shirts, sagte der Holzfäller lächelnd und zuckte mit den Achseln. Die Reporter machten sich eifrig Notizen.

Zwei Tage später konnte man in mehreren Regionalzeitungen Fotos von einem verbeulten und verschmutzten Geländewagen sehen, Fotos von alten Reifen und Bioabfällen, die neben einer Hauseinfahrt lagen, und Bilder von verrosteten Maschinen, mit denen niemand mehr fahren würde. »So sehen sie aus«, titelte eine Zeitung und zeigte ein großes Porträtfoto des Holzfällers, mit ungewaschenen, struppigen Haaren, die schon lange keinen Friseur mehr gesehen hatten. Und im Artikel hieß es: »Hier am Ende der Landstraße, in einer Sackgasse der Zeit, lebt ein Waldarbeiter und blickt nur zurück und niemals ins Jetzt und schon gar nicht die Zukunft.«

Sämtliche Berichte hatten kein Verständnis für den Holzfäller, und im Internet verbreitete sich rasend schnell die Botschaft, dass die Menschheit dazu verpflichtet sei, Baummördern das Handwerk zu legen.

Eines Nachts erwachte der Holzfäller von einem lauten Knall. Durch die zugezogenen Vorhänge seines Schlafzimmers sah er wandernde Lichter, und als er im Pyjama vor sein Haus trat, verharrten da, wie an einer Perlenkette aufgereiht, Dutzende Menschen am Holzzaun, der um sein Anwesen lief. Sie hielten Transparente in die Höhe mit der Aufschrift: »Hier lebt ein Mörder«. Oder »Die Natur wird sich rächen«. Der Holzfäller ging kopfschüttelnd um sein Haus. Überall waren Menschen. Schweigend und mit ernstem Blick.

»Verschwindet«, rief er panisch. »Verschwindet von hier!«

Ein Mutiger kletterte über den hüfthohen Zaun und schritt dem Holzfäller provozierend entgegen. In derselben Nacht sah man in einem Videomitschnitt, wie der aufgebrachte Holzfäller den jungen Mann gewaltsam von seinem Grundstück zerrte.

Eine Woche später brannte der alte Holzschuppen des Holzfällers und mit ihm das gesamte Brennholz, das er für die nächsten Winter dort gelagert hatte.

Die Polizei nahm den Vorfall auf und eine Zeitung berichtete kurz, dass die Feuerwehr zu einem Schuppenbrand gerufen worden sei. Die Ursache des Brandes sei jedoch unklar.

Einige Tage danach unterschrieb der Holzfäller auf dem Forstamt eine Zustimmungserklärung, in der er sich verpflichtete, in seinem Wald keinen Baum mehr zu fällen und ihn wie einen Urwald wachsen zu lassen. Als er das nächste Mal durch seinen Wald ging, waren viele Bäume beschriftet. »Danke«, konnte er in grellorangen Schrift auf beinahe jeder Fichte und Buche lesen.

21. KAPITEL

An einem Freitagmorgen hielt Lisa, eine Mitarbeiterin im Büro der Familie, ein prall gefülltes braunes Kuvert in der Hand. Darauf war lediglich der Empfänger angegeben, die Briefmarke fehlte und auch der Absender. Jemand musste den Umschlag persönlich in den Postkasten der Familie gesteckt haben. Vorsichtig löste Lisa den Klebestreifen auf der Rückseite und öffnete das Kuvert. Als sie danach einen Packen Papier in der Hand hielt, war sie ratlos. Es war eine endlose Liste mit Adressen, Codes und Zahlen darauf abgedruckt, die für sie keinen Sinn ergaben.

»Tom, kannst du mal kommen? Ich hab da etwas Seltsames erhalten und weiß nicht, was das Ganze soll.«

Der IT-Techniker blätterte die Liste aufmerksam durch. »He«, rief er plötzlich. »Ich glaub es nicht!«

»Ich glaub es nicht!«, rief er erneut. »Leute, das müsst ihr sehen.«

Bald standen fast alle Sekretärinnen und Büroangestellten um Tom herum. Seine Augen strahlten, während er mit dem Stapel Papier in der Hand winkte. »Das ist der Jackpot, Leute. Das sind die Wasserkostenabrechnungen der letzten fünf Jahre. Sämtliche Namen mit Adressen und Wasserverbrauch im Umkreis von 200 Kilometern.«

»Jackpot?«, fragte einer, der nicht verstand, was er damit meinte. »Was sollen wir mit diesen Abrechnungen?«

»Wir wissen jetzt exakt, wer wie viel Wasser im Jahr verbraucht. Wer sein Auto zu oft wäscht, wer trotz Sommerhitze seinen Rasen bewässert, wer zu oft badet und wer einen Swimmingpool mit kostbarem Trinkwasser füllt!«

In den folgenden Wochen sah man an Briefkästen, Fensterscheiben, Hauseinfahrten und Autos blaue Sticker mit dem Symbol eines durchgestrichenen Wasserhahns, darunter stand der Satz: »Sei ein Vorbild«. Eine Abbildung schaffte es später auf die Titelseite einer großen Tageszeitung und in riesigen Lettern konnte man lesen: »Danke, unbekannter Hacker. Ich küsse dich.« In ihrem Artikel schrieb die Journalistin ironisch und zugleich kritisch, dass sie es gar nicht schätze, wenn russische Hacker den Wahlkampf in Amerika beeinflussen oder wenn jemand Mails hochrangiger Politiker ins Netz stellt und man danach sogar weiß, welche Pizzen sie am liebsten essen oder welches Toilettenpapier sie verwenden. »Aber das hier«, schrieb sie, »diese Aktion des großen Unbekannten, ist beinahe schon genial, denn durch seine Arbeit und die Weitergabe von Wasserverbrauchsstatistiken der letzten Jahre hilft er, kostbares Wasser zu sparen. Und obwohl diese Aktion illegal ist und – okay – auch kriminell, verdiente dieser Hacker doch mindestens einen Innovationspreis, denn alle, die wegen ihres verschwenderischen Umgangs mit Wasser mit kleinen netten blauen Stickern an den lustigen Pranger gestellt wurden, sollten es verstanden haben: Unsere Wasserreserven sind begrenzt, und man muss behutsam damit umgehen. Und ob Sie es glauben oder nicht, aber der Wasserverbrauch ist durch diese Initiative in den letzten Monaten um sechs Prozent gesunken. Das nenne ich aktiven Umweltschutz. Das ist grandios. Gut für unsere Wasserreserven, gut für unsere Grundwasserspeicher, gut für uns alle. Danke, lieber Hacker, wer immer und wo immer du auch bist. Und wenn du in der Nähe bist, schau doch einfach in meiner Redaktion vorbei. Dann bekommst du von mir einen dicken Kuss auf die Wange. Du Held, der unseren tiefsten Respekt und die größte Hochachtung verdient.«

Nach dem ersten Umschlag erhielt die Familie alle vier, fünf Wochen ein braunes Kuvert, in dem die Wasserrechnungen des letzten Monats aufgelistet waren.

Jene, die sich gegen das Wassersparen sträubten, erblickten eines Tages an ihrer Haustür plötzlich das Abbild eines durchgestrichenen Swimmingpools, der mithilfe einer Schablone in grelloranger Farbe aufgesprayt worden war. Manchmal blickte ihnen von der Windschutzscheibe ihres Wagens auch das Symbol eines Autos entgegen, über dem ein durchgestrichener Wasserhahn prangte. Das Entfernen dieser Mahnzeichen dauerte Stunden. Und wieder sank der Wasserverbrauch in den folgenden drei Monaten um weitere vier Prozent.

»Das ist Erziehung zum Guten«, erklärte ein Radiomoderator an einem heißen Tag im August. »Drei Wochen hat es nun schon nicht mehr geregnet, aber trotzdem gibt es welche, die ihre Pools mit Tausenden Litern bestem Trinkwasser füllen. Das finden einige hier nicht so toll. So viel darf ich schon einmal verraten.«

In den folgenden Abendnachrichten des Senders Newsnews sah man eine Reporterin im Garten einer Villa. Der Rasen, auf dem sie stand, war trotz der Sommerhitze grün und hinter ihr glänzte der Rand eines stahlverchromten Swimmingpools. »Das ist jetzt bereits der 20. Pool in dieser Woche«, berichtete sie. »Und es dürfte nicht der letzte gewesen sein. Unbekannte sind letzte Nacht in dieses Grundstück eingedrungen und haben Dutzende Eimer Erde in den Pool gekippt. Um ihre unmissverständliche Aktion noch zu unterstreichen, haben sie auf der Rasenfläche eine eindeutige Botschaft hinterlassen.«

Die Kamera schwenkte auf eine Tafel, die neben dem Pool im Rasen steckte. »Schade. Ihr achtet nicht auf die Natur. Aber wir helfen euch.«

Danach kam der Pool ins Bild. Anstatt des blinkenden Stahls und der azurblauen Fliesen, die man sonst durch das klare Wasser sah, erblickte man nun eine undurchsichtige braune Brühe, die Blasen und Bläschen schlug und einem jede Lust auf ein Bad von vornherein nahm.

Eine Woche später sprach Max vor 300 Anwesenden und über Video-Livestream zu den Tausenden Mitgliedern der Familie in aller Welt. »Niemand soll mehr behaupten, dass ein Einzelner nichts gegen die Zerstörung der Umwelt tun kann! Lieber Hacker, den wir noch immer nicht kennen, du bist der lebende Beweis dafür. Es ist so wohltuend, dass es Menschen wie dich gibt. Und etwas steht fest: Die Familie ist einer der ganz großen Fürsprecher für die Natur geworden. Nein, wir sind nicht nur Mahner, die nur leere Worthülsen von sich geben, wir sind diejenigen, die Taten auf Worte folgen lassen, wenn Worte bei den Adressaten kein Gehör finden. Wir haben bereits etliche Erfolge zu verzeichnen. Der Wasserverbrauch ist seit Beginn dieser Initiative in unserer Gegend um 14 Prozent gesunken. Das ist enorm. Die Hälfte der Schwimmwasserbecken stehen leer, und der größte Poolhersteller des Landes musste letzte Woche Konkurs anmelden, da die Aufträge ausblieben. Das sind weitere Zeichen. Zeichen, dass wir mehr bewegen, als sich unsere Widersacher je hätten träumen lassen.

In dem kleinen Saal applaudierten die Mitglieder und trampelten mit den Füßen auf den Holzboden. Sie taten es so laut, als donnere gerade ein Riese durch den Raum.

Max beruhigte das Tosen mit ausgestreckten Armen, bis es langsam verebbte. »Bitte hört mir zu«, bat er, als einige wieder zu klatschen und »Fam, Fam, Family!« zu rufen begannen. »Was ich euch mitteilen möchte, ist von großer Wichtigkeit. Ich habe letzte Woche an einem Abend sehr lange mit Rick Carlan zusammengesessen. Wir haben darüber gesprochen, dass in unserem Schutzgebiet oft illegale Feuer errichtet werden, dass Wanderer oder Abenteurer dort gerne wild campen, dass manchmal achtlos Abfälle zurückgelassen werden, wie zum Beispiel zerbrochene Glasflaschen, an deren Scherben sich Tiere verletzen können. Uns beiden gefällt das nicht und es widerspricht unseren heiligen Idealen. Also haben wir uns überlegt, was wir dagegen unternehmen könnten. Ja, wir haben dabei zwei Gläser Whiskey getrunken.« Er stockte kurz. »Okay, vielleicht waren es auch einige mehr, ich kann mich nicht genau daran erinnern.«

Einige lachten. Und eine Frau im Publikum rief: »Max, ich liebe dich!«

»Ich dich auch«, erwiderte er und erklärte in das darauf folgende Gelächter hinein: »Nach einigen Gläsern Whiskey ist uns schließlich der Gedanke gekommen, dass wir unser Schutzgebiet sicherer machen sollten. So sicher wie möglich. Im Süden – dort, wo die Berge sind, mit ihren Zinnen, Graten und steilen Felswänden, schützt sich die Natur selbst. Niemand kann diese Hindernisse überwinden. Aber je weiter wir aus den Tälern hinausgelangen, desto angreifbarer wird sie. Doch dann kam uns eine kühne und großartige Idee. Wir zäunen das Gebiet ein.«

Ein Murren ging durch die Menge. Die Sätze »Wie

soll das gehen?« und »Das ist nicht möglich« schwappten durch den Saal.

»Unmöglich«, sagte Fynn Amanda leise ins Ohr.

»Lass ihn weiterreden«, flüsterte sie, als ob sie mehr wüsste als die anderen.

»Wartet«, unterbrach Max die Unruhe. »Ich spüre eure Zweifel. Aber lasst es mich erklären. Nein, es soll kein gewöhnlicher Zaun werden, über den man klettern kann oder in den man mit einer Zange ein Loch knipst und hindurchkriecht. Er soll unüberwindbar sein, der sicherste, den es momentan gibt. Wir haben uns informiert. In Saudi-Arabien wurde ein solcher Zaun errichtet. Dort schützt er das Land seit Längerem zuverlässig vor Terroristen und ungebetenen Gästen. Zugegeben, Saudi-Arabien ist kein Vorbild. Ein Land, das Menschenrechte missachtet, in dem es keine Demokratie gibt. Trotzdem hat uns dieses Sicherheitssystem inspiriert. Es ist über 700 Kilometern lang und auf dem neuesten Stand der Technik. Klar, so lange soll unsere Anlage nicht werden. Ich glaube, mit 690 Kilometern kommen wir hin.« Max lachte, und die anderen amüsierte dieser Witz ebenfalls. »Nein, 690 Kilometer Zaun werden wir nicht benötigen. Nur 117. Aber auch das ist noch eine enorme Strecke. Trotzdem finde ich, dass uns eine Natur, in der alles frei und ungestört gedeihen darf, das wert sein sollte.«

Auf einem großen Bildschirm hinter Max erschien eine Animation. Sie zeigte das Schutzgebiet im 3-D-Format. Im Süden die Berge und davor, offen und für jeden zugänglich, den restlichen Bereich.

Max nahm einen Laserpointer und deutete auf das Gelände, auf dem plötzlich ein Zaun erschien und Dutzende Holzgebäude ersichtlich waren. »Hier seht ihr ihn. Es ist durchgehend vier Meter hoch und ein Wunderwerk der Technik. An seinem oberen Ende«, Max deutete mit seinem Pointer auf kleine Punkte, die man an einigen Stellen ausmachen konnte, »pocht das Herz des Systems. Entlang der gesamten Anlage befinden sich Wärmebildkameras, Lasersensoren und Antipersonenbarrieren. Alle fünf Kilometer steht eine unscheinbare Hütte. In ihnen werden sämtliche Daten gesammelt. Jede Bewegung, jede Veränderung entlang des Zaunes wird registriert und bei kleinsten Unregelmäßigkeiten beginnen die Alarmsignale zu blinken. In den Gebäuden sind Bildschirme installiert, die 24 Stunden am Tag überwacht werden. Die Sicherheitskräfte sehen so sofort, ob es nur ein Eichhörnchen ist, ein Hase oder vielleicht doch ein ungebetener Eindringling, der die Harmonie im Schutzgebiet stören will. Nähert sich ein unerwünschtes Individuum, sind die Wachkräfte in weniger als zehn Minuten vor Ort. Die verdächtige Person wird festgesetzt und wenn nötig der Polizei übergeben.«

»100 Prozent Schutz für 100 Prozent Natur«, war auf der folgenden Einblendung zu lesen, und erneut brandete tosender Applaus auf.

Als das Klatschen allmählich verklang, hob Fynn den Arm. »Max, das ist eine tolle Idee. Mir drängt sich allerdings eine entscheidende Frage auf: Wer soll das bezahlen? Ich meine, das muss doch Unsummen kosten.«

»Danke, Fynn. Das ist ein wichtiger Aspekt. Durch unsere Wassereinsparungsaktion sind die Spendeneinnahmen in den letzten zwei Monaten um 20 Prozent gestiegen. Aber ich gebe es offen zu: Obwohl wir Rick Carlan als Investor im Boot haben, kann die Summe für dieses Projekt momentan nicht zur Gänze aufgebracht werden. Doch ich glaube, wenn wir publik machen, dass wir ein Projekt starten, das die Natur zu 100 Prozent schützt, werden unsere Einnahmen abermals steigen.« Hinter Max erschien eine Grafik, auf der die wichtigsten Naturschutzorganisationen und ihre jährlichen Spendeneinnahmen aufgelistet waren. »Wenn wir der Statistik glauben, können wir fast mit den ganz Großen mithalten. Hier, der erste Balken steht für Greenpeace, dann folgt der WWF und nur fünf Prozent dahinter kommen wir. Wir sind eine Instanz geworden. Ich bin mir sicher, wir können das schaffen.«

»Ja«, rief Pax Baccata aus der zweiten Reihe euphorisch. »Ja, wir schaffen das!«

»Ja«, stimmten die anderen sofort mit ein. »Ja, wir schaffen das!«

Schon drei Monate später sah man Sattelschlepper auf provisorischen Straßen in das Gebiet fahren, die Tonnen von Zaunrollen geladen hatten. Löcher für die Fundamente der Steher wurden gegraben und mit recycelbarem Beton gefüllt. Hütten wurden gebaut, die sich harmonisch in die Landschaft einfügten. Das Holz, das dafür verwendet wurde, stammte zur Gänze aus nachhaltig bewirtschafteten Wäldern. Innerhalb eines halben Jahres waren die Arbeiten beendet, der 117 Kilometer lange Zaun und sämtliche Hütten aufgestellt sowie die provisorisch errichteten Straßen wieder renaturiert. Die technisch hochsensiblen Anlagen am Zaun waren installiert und die Daten, die sie empfingen, wurden über Satelliten und Radar zu den einzelnen Wachposten gesendet. Nun war das Gebiet zu 100 Prozent sicher, nun konnten sich Fauna und Flora entfalten wie in einem Paradies, und so stand es einige Tage später auch in den Zeitungen. »Das Paradies ist fertig. Und der dortige Frieden wird ab nun rund um die Uhr von qualifizierten Kräften überwacht. Das ist Naturschutz in seiner vollendeten Form.«

Es war, wie es Max vorausgesagt hatte. Die Spendeneinnahmen stiegen.

Doch es regten sich auch kritische Stimmen, die es für unmöglich hielten, dass so eine Anlage, die Millionen verschlungen haben musste, allein durch Spendengelder und die Großzügigkeit eines philanthropischen Milliardärs bezahlt werden konnten.

22. KAPITEL

Die Nachricht schlug ein wie eine Kanonenkugel. Eine kleine Regionalzeitung, die keine 40.000 Exemplare am Tag auflegte, schockierte alle. Auch die Familie.

Auf der Titelseite war eine platt gefahrene, eingetrocknete Gelbbauchunke auf einer asphaltierten Straße abgebildet und darunter stand die Frage: »Ein Netz aus befestigten Straßen im Naturschutzgebiet?«

Der Journalist, der die Artikelserie mit dem Titel »Die unglaubliche Geschichte« verfasst hatte, so wurde versichert, habe sich lange und ausführlich mit der Geschichte und Gegenwart des Naturschutzgebietes befasst und sei dabei auf erstaunliche Erkenntnisse gestoßen. Im ersten Abschnitt der dreiteiligen Serie berichtete er von der frühen Geschichte des Gebietes, von den Alpen, Flüssen, Traditionen. Er erzählte von Landwirten, dem kargen Leben und untermalte den Artikel mit seltenen Schwarz-Weiß-Fotografien aus dem letzten und vorletzten Jahrhundert. Ärmlich gekleidete Bauern, die auf ihre Rechen gestützt schüchtern in die Kamera blicken. Abgezehrte Frauen mit weißen Kopftüchern, die an einem heißen Sommertag auf einem abgeernteten Feld stehen, altertümliche

Traktoren und Dampfmaschinen, aus denen dunkler Rauch quillt – der Beginn der technischen Revolution. Der zweite Teil sollte von der Entwicklung der Landwirtschaft bis hin zum Naturschutzgebiet handeln und über den Werdegang der Familie berichten. Vom Erbe einer kinderlosen Witwe bis hin zum hochtechnisierten Zaun, der die Natur dahinter schützen sollte. All das wäre noch kein Anlass für einen Aufruhr gewesen, aber der Inhalt des dritten Teils, der mit der platt gefahrenen Gelbbauchunke schon vorweggenommen worden war und 14 Tage nach dem ersten Teil erscheinen sollte, machte viele Menschen stutzig und einige wütend. Der Journalist behauptete, dass im Schutzgebiet, versteckt vor den Augen der Öffentlichkeit, kurz nach der Errichtung des Schutzzaunes asphaltierte Straßen errichtet worden seien, die zu mehreren Punkten des Gebietes führten. Und lediglich die Auftraggeber selbst könnten Auskunft darüber erteilen, welchen Zweck sie erfüllten.

Bereits am Vormittag desselben Tages erschienen im Netz YouTube-Videos mit aufgebrachten Botschaften. Auf Facebook und Instagram wurden Beschwerden und Schmähungen gegen den Journalisten innerhalb weniger Stunden über 200.000 Mal geteilt, und am Abend standen Hunderte Demonstranten vor dem Verlagshaus, das verantwortlich für diese Zeitung war, und empörten sich. Vuvuzelas dröhnten und Trillerpfeifen schrillten, man hörte Trommelschläge und ein Vermummter schlug sogar eine große Fensterscheibe des Verlagsgebäudes ein. Die Demonstranten schwenkten Transparente, verschieden große farbige Fotografien von Gelbbauchunken, Fahnen mit dem Logo der Familie. Und immer lauter riefen sie den Namen jenes Journalisten, der durch seine Verschwörungstheorien der Familie und in weiterer Folge auch der Natur Schaden zufügen wollte. Auf Plakaten standen die Botschaften: »Lasst den Tieren ihr Paradies«, »Seid friedlich« oder »Die Natur ist kein Spielball«.

Die Polizei versuchte die spontane Kundgebung aufzulösen, aber wegen der guten Vernetzung der Mitglieder wollte der Zustrom der Menschen nicht versiegen. Am späten Abend waren die Straßen um das Verlagsgebäude so überfüllt und blockiert, dass die Polizei mit Panzerwagen und Wasserwerfern ausrückte. Dutzende Polizisten mit Schutzschildern und Knüppeln marschierten auf. Tränengasnebel zogen durch die Stadt. Plötzlich schien die Situation außer Kontrolle zu geraten. In den Tumulten wurden Demonstranten von aufgebrachten Polizisten zu Boden gerissen. Wütende Bürger warfen mit Pflastersteinen auf die Sicherheitskräfte. Wenig später lag eine Polizistin mit blutendem Kopf auf der Straße, die von ihren Kollegen beruhigt und notversorgt wurde. Durch einen Lautsprecher drohte eine Stimme: »Lasst unsere Natur in Ruhe!« Erste Demonstranten wurden in Busse gezerrt, deren Heckscheiben vergittert waren.

Aber trotzdem dauerte es bis weit nach Mitternacht, ehe es der Polizei gelang, die Kundgebung aufzulösen.

Noch in derselben Nacht verbreitete Max über Facebook und Instagram eine dringende Botschaft an die Mitglieder der Familie und an alle, die sich dafür interessierten.

»Lasst euch nicht zu Gewalttaten hinreißen. Ein Opfer ist genug.« Dann nannte er den Namen eines Demonstranten, der von einem verirrten Gummigeschoss getroffen und so schwer verletzt worden sei, dass er in Lebensgefahr schwebe. *»Gewalt ist keine Lösung«*, mahnte er. *»Wir werden uns auf eine andere Art wehren«*, setzte er fort, *»gegen Verleumdungen und Lügen. Der Schutz der Natur ist unser Lebensinhalt geworden, und jeder, der durch hinterlistige Tricks versucht, uns daran zu hindern, wird unseren Widerstand zu spüren bekommen. Dazu benötigen wir jedoch keine Gewalt, denn wir sind stark genug, um unsere Rechte mit friedlichen Mitteln zu verteidigen. – Denkt immer daran«, schrieb er. »Wir alle haben dasselbe Ziel. Eine geschützte Natur. Das dürfen wir nie vergessen.«*

Für den nächsten Tag kündigte Max eine Pressekonferenz an und bat alle Beteiligten um Ruhe und Besonnenheit. *»Jedes Opfer, jeder verletzte Mensch ist zu viel.«* Damit schloss er.

So einen Medienauflauf hatte der Ort, in dem die Konferenz stattfand, noch nicht gesehen. Die Presseleute parkten ihre Wagen beinahe überall. Am Straßenrand, auf Gehsteigen, in den Wiesen vor dem Ort. Alle spürten die Aufregung, und einige witterten den größten Skandal, den es wegen einer Naturschutzorganisation jemals gegeben hatte. In einer Sporthalle hatte man ein provisorisches Podium errichtet, und für die Journalisten, die sich angekündigt hatten, Dutzende Stuhlreihen aufgestellt.

Alle wichtigen Medienvertreter des Landes waren da. Leute von Newsnews, Liveticker, von Echtzeit, vom Tagesspiegel und von sämtlichen regionalen Blättern des Landes.

Auf dem Podium saß ein fröhlicher Max und blickte durch einen Strauß aus Mikrofonen.

»So eine coole Socke«, sagte Amanda und stupste Fynn an. »Schau ihn dir an. Anstatt wütend zu sein, grinst er wie ein Honigkuchenpferd, macht Späße und winkt seinen Bekannten zu. Wie er mit all dem umgeht. Genial. Dieser Typ ist einfach genial.«

»Unglaublich«, bestätigte Fynn. »Aber was wird er jetzt sagen? Ich meine, die angekündigte Story ist ja keine Kleinigkeit. Und schau dir vielen Fernsehteams an. Vor der Halle steht ein Übertragungswagen neben dem anderen. Hast du die Logos auf den Seitenwänden gesehen? Alle sind da. Alle wichtigen Fernsehstationen.«

Weitere Gedanken konnte Fynn nicht mehr aussprechen. Denn im selben Augenblick begann Max mit seiner Show. Er klopfte mit zwei Fingern behutsam auf ein Mikrofon. Sofort verstummte das Stimmengewirr im Raum und wich einer angespannten Stille. Max richtete sich behutsam die Krawatte mittig und wartete.

»Zeig's ihnen!«, rief eine Stimme von weit hinten.

»Ja, zeig's ihnen«, wiederholte eine andere.

Max lächelte, räusperte sich und sagte: »Zugegeben, ich habe letzte Nacht nicht viel geschlafen. Sie kennen das bestimmt. Es ist spät. Sie sind müde. Aber da ist eine Autobahn an Gedanken, die durch ihren Kopf rast, und diese Autobahn will einfach kein Ende nehmen. Das Lebenswerk der Familie wurde vielleicht mit einem Schlag ruiniert. Man döst, wacht auf. Vielleicht gibt es diese asphaltierten Straßen in unserem Schutzgebiet tatsächlich. Nur wissen wir nichts davon. Man nickt wieder ein. Wir werden sie verklagen. Man döst und spürt Wut und Ratlosigkeit in sich aufsteigen, und schon ist es Morgen und jetzt sitze ich hier und werde ihnen von den Plänen der Straßenbaugesellschaft erzählen, die eine Autobahn durch unser Naturschutzgebiet bauen will.«

Langsam erhob er sich, richtete sich zu seiner vollen Größe auf und begann schallend zu lachen. Sein Lachen war so ansteckend, dass sogar die Journalisten schmunzeln mussten.

»Nein, im Ernst«, sagte Max trocken. »Wissen Sie, was mir als Erstes in den Sinn kam, als ich diesen Artikel las? Ich musste an eine der dunkelsten Stunden in unserer jüngeren Geschichte denken, an einen Septembermorgen, als 19 Verrückte mehrere Flugzeuge kaperten und diese Attentate begingen, die so viel Leid über uns brachten. Irgendwann später hieß es von einem Investigativjournalisten, dass fünf dieser 19 Verbrecher gar nicht gestorben, sondern noch am Leben seien oder wieder am Leben. Weiß Gott, wie das zu- und hergegangen sein soll. Und dann musste ich an ein Video denken, dass jemand ins Netz stellte. Es zeigt eine BBC-Moderatorin, die an diesem schrecklichen Tag im September live aus New York darüber berichtet, dass nun das dritte Gebäude eingestürzt sei. Das World Trade Center 7, und man sieht in diesem angeblichen Livevideomitschnitt, dass dieser 47 Stockwerke hohe Wolkenkratzer hinter ihr im Bild ist und noch immer gegen den Himmel ragt. Erst 20 Minuten später sei er tatsächlich eingestürzt. ›Betrug‹, hieß es deshalb in diesem Video. ›Fake.‹ Ich meine, wer soll im echten Leben so verrückt sein und solche Geschichten glauben? Wissen Sie, Journalismus ist eine verantwortungsvolle Sache. Die Medienmacher prägen mit ihren Aussagen unter Umständen die Meinungen von Abermillionen Menschen. Aber wenn man ihnen nachweist, dass sie Fakten falsch darstellen, sind sie in ihrem Beruf für immer ruiniert. Das Netz ist eine tolle Sache und Zeitungen sind es auch. Aber manchmal verachte ich das alles. Dass sie bösartigen Menschen eine Plattform bieten, die letztlich nur das Schlechteste wollen.

Die uns täuschen, betrügen und auf falsche Fährten führen. Können Sie sich vorstellen, wie viele Freunde uns in den letzten Stunden dazu geraten haben, diesen Journalisten zu verklagen? Ja, wir könnten ihn zur Rechenschaft ziehen. Aber ich frage Sie wofür? Wofür die Energie für solche Angelegenheiten verschwenden? Der Prozess würde drei, vier, vielleicht sogar zehn Jahre dauern. Nein, wir werden keine Klage einreichen. Aus einem einfachen Grund. Weil wir dem Bösen weder Zeit noch Raum geben wollen.« Er nahm einen Schluck aus einem Wasserglas und lächelte. »Sie kennen vielleicht das Tor, das in unser Schutzgebiet führt. Sie kennen vielleicht auch die schmiedeeiserne Überschrift, die darüber thront. »Hier beginnt das Paradies.« Unseren internen Investigativjournalisten ist heute früh, genau an diesem Ort, ein unglaublicher Schnappschuss gelungen, und diesen möchte ich Ihnen gerne zeigen.« Hinter Max erschienen zwei Mitarbeiter der Familie, die ein riesiges Transparent entrollten, auf dem eine Fotografie aufgedruckt war.

Sofort setzte Gelächter ein, denn auf dem Bild war das Eingangstor des Schutzgebietes zu sehen, davor zwei Formel-1-Wagen und daneben zwei Männer in ihren Rennanzügen, die stolz ihre Helme gegen die Hüften gepresst hielten. Und darunter stand der Satz: »Bereit zum Training.«

»Max«, rief eine Frauenstimme aus dem Publikum. »Ich will ein Kind von dir!«

In das Grölen des Publikums hinein entgegnete Max: »Tut mir leid, meine Liebe, aber ich bin schon vergeben.«

Als der Applaus verklang, fuhr er fort: »Das ist unsere Antwort. Wir haben in der letzten Nacht Tausende Sticker drucken lassen, die unsere Rennfahrer mit ihren Boliden vor dem Tor unseres Paradieses zeigen. Phill Pitt, einer der großartigsten Cartoonisten unserer Zeit, hat sie gezeichnet. Wir haben nicht nur Sticker, sondern auch Schlüsselanhänger herstellen lassen, die unsere Rennfahrerhelden in Siegespose darstellen. Mit dem Erlös aus dieser Aktion finanzieren wir das, was uns heilig ist, und zwar den 100-prozentigen Schutz unserer sieben Täler.«

»Ja!«, schrie einer aus dem Publikum, »Ja, Max!«, und erneut setzte prasselnder Applaus ein.

Während der Applaus tobte, betraten zwei als Rennfahrer verkleidete Schauspieler das Podium und stellten ihre Helme auf den Tisch.

»Hier sind sie«, sagte Max lächelnd, »die Helden unserer asphaltierten Rennstrecke. Heißt sie willkommen!«

Die anwesenden Mitglieder der Familie trampelten mit den Füßen und jauchzten, und einige Journalisten waren von der Situation so verblüfft und beeindruckt, dass sie zu applaudieren anfingen.

»Unglaublich«, meinte Fynn. »Dieser Typ ist einfach unglaublich.«

»Wartet«, unterbrach Max den Applaus. »Ich muss noch etwas loswerden. Nächste Woche beginnt in der größten Tageszeitung des Landes eine Cartoonserie von Phill Pitt, die von unseren Helden erzählt. Sie heißt: ›Pat, Pitt und ihre wilden Abenteuer im Schutzgebiet‹. Mit diesen Worten darf ich mich verabschieden und wünsche Ihnen einen schönen Tag. Genießen Sie das Leben.« Er verneigte sich und winkte ins Publikum wie ein Popstar.

»Ach«, fügte er hinzu, »eine Sache habe ich vergessen. Wir haben heute früh eine Drohne losgeschickt. Sie ist volle drei Stunden über unser Gebiet geflogen und hat ohne Pausen Aufnahmen von unserem Naturjuwel gemacht. Wenn Sie die Aufnahmen sehen wollen, gehen Sie einfach auf unsere Homepage, klicken Sie auf den Button ›Wonderful World‹ und bewundern Sie die Luftbilder des Paradieses. Aber in einem Punkt muss ich Sie leider enttäuschen. Asphaltierte Straßen werden Sie auf den Aufnahmen vergeblich suchen.« Er winkte ein letztes Mal, faltete die Hände, hob sie hoch, lächelte und verschwand von der Bühne.

Kritische und peinliche Fragen? Sie wurden nicht mehr gestellt, denn die Sache war offensichtlich geklärt und bedurfte keiner weiteren Erklärung.

Die Pressekonferenz war vorüber. Der Rummel vorbei. Die Journalisten hatten ihre Informationen, Filmbeiträge und Fotos.

An die 40 Mitglieder der Familie trafen sich nach der Konferenz in einem Mannschaftsraum im Keller der

Sporthalle auf einen kleinen Imbiss und Umtrunk. In der Kabine roch es nach Turnschuhen, Medizinbällen und Schweiß, und gleichzeitig duftete es nach belegten Brötchen und sauren Essiggurken. Eine gewöhnungsbedürftige Kombination. Alle wirkten erschöpft, aber zugleich erleichtert. So, als wären sie aus einem bösen Traum erwacht, der sich im Schlaf bedrohlich echt angefühlt hatte und sich jetzt, da sie wach waren, in nichts auflöste. Sie applaudierten, als Max den Raum betrat. Ihm folgte ein schlanker Mann in Anzug und weißem Hemd. Seine roten Haare waren kurzgeschoren, als käme er gerade vom Militär.

Max seufzte erleichtert, als er dem Mann sanft gegen die Brust puffte. »Wie habt ihr das hinbekommen? In so kurzer Zeit? Alle Achtung. Ihr habt es wirklich drauf. Sticker, Schlüsselanhänger, den Fototermin mit den Rennfahrern vor dem Tor. Wie macht ihr das, ha?« Max winkte ab. »Nein, ich will es gar nicht wissen. Es soll euer Geheimnis bleiben.« Dann rief er in die Runde: »Das ist unser neuer Mann. Seine Freunde nennen ihn nur Red Hawk. Fragt mich nicht, weshalb. Vermutlich wegen seiner roten Krawatte, die er sonst immer trägt.«

Einige lachten. Aber nur kurz, denn sie spürten, dass dieser Mann nicht umsonst so hieß.

»Die Strategie für diese Sache stammt von Red Hawk und seiner Agentur.«

Applaus setzte ein. Max klopfte allen, die in seiner Nähe standen, auf die Schulter. »Danke, dass ihr gekommen seid. Ich war ziemlich angespannt vorhin. Das könnt ihr mir glauben. Eine Stunde lang diese Säcke unterhalten und sie sogar zum Lachen bringen. Aber Red Hawk hat mich bestens gebrieft, um gegen diese Banditen zu bestehen. Danke, Red Hawk!«

Kurz danach hielten alle ihre Sektgläser in die Höhe und stießen an.

»Diese widerlichen Pressefritzen. Dieser Typ – wie soll ich es sagen? – dieses stinkende Aas, das uns diese Geschichte eingebrockt hat. Wenn er jetzt vor mir stünde … Ich würde diesem Schwein direkt eine in die Fresse geben.« Er schnaubte durch die Nase und sammelte sich. »Verzeiht, aber das musste raus. So, jetzt geht's mir besser. Nebenbei jetzt: Diese Drecksserie wird nicht fortgesetzt. Das haben wir erreicht. Ein bisschen drücken hier und ein bisschen schieben dort und die Sache lief. Dieses Unglück von Journalist wurde gefeuert. Er wird in diesem Metier nicht einmal mehr eine Zehenspitze auf den Boden bringen.«

»Er ist so dominant«, flüsterte Fynn Amanda ins Ohr. »Manchmal denke ich mir, irgendwo in seinem Innersten verbirgt sich etwas Unheimliches, fast diabolisch Böses.«

Amanda küsste ihn. »Ach, was du wieder redest, Fynn. Ich finde ihn unglaublich. Er führt uns wie ein ruhiges Dampfschiff durch wildeste Ozeane. Selbst durch größte Stürme.« Beinahe andächtig blickte sie zu Max hinüber. »Er ist ein lebender Kraftplatz. Für uns, für die Menschen und die Natur. Vielleicht ist er manchmal ein bisschen schroff, aber ich finde ihn trotzdem wunderbar.«

Fynn zuckte mit den Achseln. »Vielleicht grüble ich einfach zu viel. Vielleicht beneide ich ihn auch nur um seine Kraft. Und seinen Erfolg.«

»Du bist mein Kraftplatz«, sagte Amanda lächelnd. »Wir sollten wieder einmal in einem Wollgrasfeld verschwinden, findest du nicht auch?«

Fynn gab ihr einen leichten Klaps auf den Hintern. »Unbedingt.«

Keiner konnte sich genau erklären, weshalb, aber der zweite Teil der »Unglaublichen Geschichte« wurde tatsächlich nicht veröffentlicht. Von der Zeitung gab es keine Begründung und keinen Kommentar. Stattdessen startete sie eine zehnteilige Serie mit dem Titel »Schönheit«, die seltene Einblicke in das Schutzgebiet der Familie bot. Nie zuvor gesehene Ansichten von unberührten Mooren, Bilder von nebelverhangenen Hochebenen, die aussahen wie Feenlandschaften. Die Zeitung veröffentlichte auch einen Artikel über eine ausgestorben geglaubte Libellenart, die sich dank der zurückgewonnenen Unberührtheit des Gebiets sogar wieder vermehrte. Abgerundet wurde der Bericht mit brillanten und faszinierenden Detailaufnahmen von Facettenaugen dieser Libellen und Fotos, die das prächtige Farbenspiel ihrer Flügel und Körper zeigte.

»Man muss achtgeben«, erklärte eine bekannte Schriftstellerin, die einen Gastkommentar zu dieser Serie verfasst hatte. »Man muss achtgeben auf dieses Juwel, das man durch harte, entschlossene Arbeit erschaffen hat.«

Wer sich später an die »Unglaubliche Geschichte« erinnerte und sich über asphaltierte Straßen im Schutzgebiet äußerte, wurde bestenfalls als Spinner oder Verschwörungstheoretiker belächelt oder einfach mit einem mitleidigen Kopfschütteln ignoriert. Und es dauerte nicht lange, bis niemand mehr darüber sprach, um nicht als peinliche Person zu gelten.

Einige Tage nach der wütenden Kundgebung gegen den Journalisten fanden sich an einem sonnigen Vormittag im September Dutzende Mitglieder der Familie vor dem Verlagshaus ein, darunter auch Max. Sie trugen ihre grünen T-Shirts mit der Gelbbauchunke auf der Brust und standen neben dem Haupteingang des Gebäudes. Genau dort, wo ein Demonstrant von einem verirrten Gummigeschoss getroffen worden war und danach so tragisch auf die Gehsteigkante stürzte, dass er drei Tage später an den Folgen des Aufpralls starb. Max lehnte einen Kranz mit gelben Rosen an die Wand und zündete eine Kerze an, auf der der Name »Sebastian P.« stand.

»Vergessen wir nie jene, die mitgeholfen haben, das zu erreichen, was wir erreicht haben«, betonte er, »und vergessen wir nie jene, die auf diesem Weg große Opfer gebracht haben, und vergessen wir nie jene, deren Opfer sogar ihr eigenes Leben war. Ich weiß«, und auf einmal glitt ein Vibrieren in seine Stimme, »wenn die Tiere des Schutzgebietes, für die sich Sebastian so selbstlos aufgeopfert hat, von seinem Ende erfahren hätten und wüssten, dass wir jetzt an jenem Ort stehen, an dem er von uns gegangen ist, wären auch sie hier. Die Schmetterlinge, Libellen und Bienen. Sie würden um uns herumschwirren und sich ebenfalls von ihm verabschieden. Danke«, flüsterte Max. »Danke, Sebastian.«

Er war so ergriffen von diesem Augenblick, dass er Tränen in den Augen hatte. Als die Mitglieder der Familie das bemerkten, standen sie auf einmal mit abgewandten Gesichtern wie eine Mauer um ihn herum. So, als wollten sie ihn schützen und ihm die Möglichkeit geben, mit seinen Gefühlen allein zu sein.

Es war in diesen Tagen, als sich Fynns Großmutter oft sehr müde fühlte und fast nicht mehr aus dem Haus ging. »Meine Beine tragen mich nicht mehr so, wie ich möchte«, sagte sie beinahe entschuldigend. Über eine Woche lag sie meistens im Bett und fand nicht die Kraft, es zu verlassen. Irgendwann wollte sie auch nichts mehr essen und verweigerte sogar den Fencheltee, den ihr Amanda einflößen wollte.

»Kommt«, rief sie eines Abends aus ihrem Schlafzimmer. »Fynn und Amanda, kommt bitte zu mir.« Wenig später saßen die beiden neben ihrem Bett und die Großmutter lächelte mild. Mit heiserer Stimme sagte sie gutmütig: »Fynn, Amanda, wisst ihr, alles, was lebt, muss einmal vergehen. Das ist das Gesetz des Lebens. Alles stirbt am Ende. Nur eines nicht. Der Augenblick. Jeder Augenblick ist ewig. Das dürft ihr nie vergessen, meine Lieben«, lächelte sie mit eingefallenen Wangen.

»Fynn«, flüsterte sie. »Versprich mir eines: Blicke nicht auf die schmerzhaften Augenblicke zurück. Blicke auf die glücklichen und erschaffe im Jetzt das Glück der Zukunft. Ich weiß, dass ihr das könnt. Und das beruhigt mich. Versprecht mir noch eines«, sagte sie leise. »Dass ihr hier bleibt, in diesem Haus. Es wird euch behüten und beschützen, denn seit über 400 Jahren leben gute Geister darin.«

Während sie so sprach, hielten beide die Hände der alten Frau und begannen stumm zu weinen. Auf einmal sog Fynns Großmutter tief Luft in ihre Lungen und verstummte. Die Abstände des Luftholens wurden immer größer. Plötzlich zeigte sich ein Lächeln auf ihrem Gesicht. Amanda und Fynn spürten noch ihren schwachen Händedruck. Dann ließ sie los.

»Machs gut, meine Königin«, seufzte Fynn. »Du hast mir so viel Schönes gezeigt, so viel Gutes vorgelebt.«

Fynns Großmutter wurde einige Tage später beerdigt. »Sie war ein wunderbarer Mensch«, versicherte Fynn Amanda, »sehr besonders. Und ich weiß, dass ihr Geist immer in unserer Nähe sein wird.«

23. KAPITEL

»Willkommen zurück«, stand auf dem riesigen Plakat, das auf den Vorplatz des Hauptbahnhofes herabblickte. Darunter war ein ins Riesige vergrößerter Käfer abgebildet. Seine längs gerillten Flügeldeckel schillerten blaugrün und waren wunderschön. Aber der Kopf erzeugte bei einigen Passanten Schrecken und Unbehagen. Denn er sah aus wie der Kopf eines Gruselfilmmonsters. Mit hässlichen Augen, borstigen Stacheln auf den Wangen und einem gefräßigen Maul. Darunter stand »Blauer Schillerkäfer« sowie dessen lateinischer Name. Am unteren Bildrand war das Logo der Gelbbauchunke abgebildet, der Hinweis auf eine Homepage und der Satz: »See more«.

Besuchte man die Seite, konnte man weitere Fotos des Käfers betrachten und erfuhr dessen spannende Geschichte. Seine Wiederentdeckung war eine Sensation. Lange galt er als verschollen, schließlich sogar als ausgestorben. Die letzte Sichtung lag weit zurück und stammte aus den 70er-Jahren des 20. Jahrhunderts. Und jetzt war er zurückgekehrt, wie auferstanden aus einem verborgenen Reich.

»Die Kraft der Stille«, titelte ein Naturmagazin und versicherte, dass diese Sichtung ein weiterer Beweis dafür sei, wie sich die Natur erhole, wenn man sie in Ruhe lasse. Aber nicht nur der Schillerkäfer war zurück. Zahlreiche Hirschkäfer hatten in alten, abgestorbenen Eichen eine neue Heimat gefunden. Und auch die Population der Weißrückenspechte und Gelbbauchunken entwickelte sich prächtig, wie eine Statistik belegte, die Zuwachsraten von 20 und 25 Prozent auswies.

»Funny«, hieß eine Abteilung der Familie, die kuriose Videomitschnitte und Fotos der Überwachungskameras am Zaun des Schutzgebietes auswählte und online stellte. Eines dieser Videos war schon über drei Millionen Mal angeklickt worden und mit »Fishing for compliments or simply fishing« überschrieben. Es zeigte zwei betrunkene Angler, die sich torkelnd dem Schutzzaun näherten und lange darüber zu beraten schienen, wie sie das Hindernis überwinden konnten. Offensichtlich vermuteten sie dahinter ausgiebige Fischgründe. Schließlich warfen sie ihre Ruten über den Zaun. Aber zu ihrem Ärger verhedderten sich diese in der Krone einer Buche.

Mit einer menschlichen Räuberleiter versuchten sie, den einen Ast des Baumes zu erreichen. Aber jedes Mal wankte der eine Betrunkene hin und her, sodass der andere von der Schulter seines Kompagnons rutschte und ins hohe Gras kollerte. Nach mehreren erfolglosen Versuchen und gestikulierenden Armen, die auf die Baumkrone zeigten, begann der eine den anderen zu puffen, der puffte zurück, und bald balgten sie sich auf dem Boden. Manchmal tauchte ein Rücken aus der Wiese auf, dann eine ausholende Hand oder ein wütender Kopf. Nachdem sich die beiden erschöpft hatten, verließen sie mit zerzausten Haaren und zerrissenen Kleidern resigniert den Platz. Ein Arm jeweils auf der Schulter des anderen. Mehrere Male blieben die Betrunkenen stehen, deuteten traurig zurück zum Baum und ihren Angelruten und verschwanden zuletzt torkelnd aus dem Bild.

Ein weiteres Video trug den Namen »Curiosity killed the cat«. Es zeigte einen Survivalfreak, der vergeblich versucht hatte, den Zaun zu überwinden, und so unglücklich darin hängen blieb, dass ihn die Sicherheitskräfte aus seiner misslichen Lage befreien mussten.

Beliebt war auch das Video von einem Mann, der aus dem Bild rannte. Man erkannte seine Hand auf der nackten weißen Pobacke, ein klaffendes Loch in der Hose und ein Stück Stoff in der Form eines Triangels, das im Wind flatterte wie ein Wimpel. Schon im nächsten Augenblick sah man eine orange Warnblinkanlage, die angesprungen war, um die Sicherheitskräfte zu Hilfe zu rufen.

»Danke«, stand am Ende der Beiträge. »Danke für euren Glauben an eine bessere Welt.«

24. KAPITEL

Im folgenden Jänner fiel in einer Woche so viel Schnee, dass manche Ortschaften des Landes tagelang nicht erreichbar waren. Bahnstrecken wurden gesperrt, und auf Flughäfen kam es zu stundenlangen Verzögerungen.

»Das ist ein Winter«, sagte Amanda zu Fynn, »von dem wir noch unseren Enkelkindern erzählen werden.«

»Diese Stille«, sagte Fynn. »Als wäre alles in Watte gepackt.«

Keine Autos fuhren, und wenn doch, glitten sie fast lautlos auf den schneebedeckten Straßen dahin. Unzählige Schneeflocken fielen und wurden zu Vorhängen, die die Landschaft hinter sich verdeckten.

An einem Februarmorgen stand ein Reporter vor einer tiefverschneiten Kulisse und erklärte den Fernsehzuschauern, dass hinter ihm das weitläufige Schutzgebiet der Familie beginne, über dem vor einer halben Stunde eine »Cessna 208B Grand Caravan« von den Radarbildschirmen verschwunden sei.

»Mayday, Mayday«, habe der Pilot gefunkt und aufgebracht erklärt: »Wir werden beschossen! Wir werden beschossen!«

Danach sei der Kontakt abgerissen. Kurz nach Mittag wurde das Flugzeug mithilfe einer Drohne im Osten des Schutzgebietes entdeckt. Das Wrack der Cessna war fast zur Gänze in den Schneemassen versunken. Das Wenige, was man aus der Luft ausmachen konnte, waren Teile eines Flügels und das Cockpit.

»Tragisch«, hieß es in den Abendnachrichten. Alle drei Passagiere seien bei diesem Unglück ums Leben gekommen.

Korrigiert wurde später die Absturzursache. Erste Ermittlungen deuteten darauf hin, dass der Ausfall des Triebwerks zum Absturz der Maschine geführt habe. Die Umstände wurden Tage später bestätigt.

Mehrere Hundert Liter Kerosin waren nach dem Absturz ausgeflossen und hatten weite Teile des Gebietes kontaminiert.

Der Winter blieb sehr lange. Der Schnee lag meterhoch, und die obersten Schichten wurden so hart, dass sogar schwerste Männer darübergehen konnten, ohne einzubrechen. Erst im März wurde der Schnee körnig und weich. Und im April begann ein langer Regen den Schnee zu schmelzen. Trotzdem es dauerte Wochen, bis die Frühlingssonne die braunen Grasteppiche wieder sichtbar machte.

In diesen Tagen wurden die Folgen des Flugzeugabsturzes zum ersten Mal deutlich. In Seen und Teichen schwammen irisierende Schleier aus Kerosin. Dazwischen trieben tote Fische, Gelbbauchunken und andere

Amphibien, die durch den Treibstoff vergiftet worden waren.

»Bis das Pendel des Gleichgewichts in seine Ausgangslage zurückschwingt, wird es Jahrhunderte dauern«, beklagte ein Experte in einer Fachzeitschrift für Limnologen, und wütend fragte ein anderer Fachmann, was noch geschehen müsse, bis in diesem Ökosystem wirklich Frieden herrsche? »Weshalb dürfen Flugzeuge ungestraft über dieses kostbare Naturjuwel fliegen?« empörte er sich weiter. »All das Elend hätte nicht geschehen müssen, wenn man dieses Schutzgebiet als Einheit betrachte, das vom Boden bis zum Himmel reicht. Wo sind die Menschen, wo sind die Politiker, die sich endlich für die Schutzlosesten der Schutzlosen stark machen?«

Die Familie handelte sofort. Mit einem riesigen Aufwand organisierte sie im Mai in vielen Städten sogenannte Bluegreenplanet-Märsche. Der größte von ihnen startete beim Parlament der Hauptstadt, führte hinaus aufs Land durch einen ausgedehnten Laubwald und endete auf einer riesigen Wiese, die von alten, mächtigen Buchen umgeben war. An die 200.000 Menschen hatten sich eingefunden, um der Feldmesse zuzuhören, die ein Bischof hielt. Er stand auf einem Hügel hinter einem schlichten Altar, der von einem blendend weißen Tuch bedeckt war. Der Predigt wurde medial eine so große Beachtung geschenkt, dass sie von etlichen Fernsehstationen sogar live übertragen wurde.

»Hier stehe ich«, begann der Bischof, »inmitten dieser großartigen Natur.« Seine rote Robe wehte ein wenig im Wind. Lächelnd und demütig setzte er fort: »Ich bin klein, das weiß ich, und schmächtig gegen diese riesigen Buchen, die uns umgeben und von denen einige schon viel länger auf dieser Erde leben als wir. Liebe Schwestern und Brüder, wir sind heute hierhergekommen über alle religiösen und politischen Grenzen hinweg, denn wir haben nur diese eine Welt, und diese eine Welt ist die Heimat von uns allen. Und etwas dürfen wir niemals vergessen. Wir sind von diesem Planeten abhängig. Nicht er von uns. – Aber wenn ich um mich blicke, befällt mich manchmal Angst und Mutlosigkeit. Ich sehe, was wir Menschen diesem Planeten antun. In Nigeria werden Tag für Tag Millionen Liter Wasser verunreinigt, um Uran zu fördern. Und radioaktive Wolken verseuchen die Umgebung auf Jahrtausende. In Minen verwendet man Quecksilber, um die Gier nach Gold zu stillen. Mit sauberem Wasser und Chemikalien presst man Rohöl aus Schiefergestein und vergiftet gleichzeitig riesige Grundwasserseen. Und wenn wir uns nicht besinnen, stehen wir am Ende da mit unseren Reichtümern aus Gold, Beton und Glas und weinen, da wir auf einmal feststellen, dass uns das Wichtigste abhandengekommen ist. Sauberes Wasser. – Warum, frage ich mich besorgt, tun wir unserer Erde das an? Weshalb schätzen wir die Grundlage unseres Lebens so wenig? Ich sehe, dass sich einige über diese

Zerstörungen freuen. Die Preise für Trinkwasser sind an manchen Orten dieser Welt schon drastisch gestiegen. Ohne sauberes Wasser sind wir allerdings hoffnungslos verloren. Es begleitet uns seit unserer ersten Daseinssekunde. Neun Monate schwimmen wir in einem Meer aus Wasser. Trinken die Milch unserer Mütter, die als Grundlage sauberes Wasser benötigen. Ohne Wasser sind wir binnen Tagen verloren. Ohne sauberes Wasser sind auch unsere Flora und Fauna verloren. Schon wenige Tropfen Kerosin verwandeln ein Paradies in eine leblose Kloake und lassen unschuldige Lebewesen verenden. Dagegen müssen wir etwas tun, denn wir sind auch für die Schwächsten der Schwachen verantwortlich. Heute haben wir uns zusammengefunden, um für unseren grünblauen Planeten zu beten, und heute ist ein Mensch unter uns, der sich den Schutz dieses Planeten zur Lebensaufgabe gemacht hat. Ich möchte ihn bitten, dass er uns einige Worte schenkt. Bitte begrüßen Sie mit mir Max Bonnermann. Herr Bonnermann, bitte.«

Max trat auf die Bühne. In einem schlichten grauen Anzug mit weißem Hemd und einer blaugrünen Krawatte. Seine Augen mussten sich zuerst an diesen Anblick gewöhnen. So etwas hatte er noch nie gesehen. Höchstens in Fernsehübertragungen, wenn amerikanische Präsidenten vereidigt wurden, oder damals, als Martin Luther King eine seiner größten Reden hielt. So weit er blicken konnte, sah er ein buntes Mosaik aus Menschen, wabernd wie ein großes, gewaltiges Meer.

Einige von ihnen konnte er sogar in Baumkronen ausmachen. Seit Langem hatte er so eine Aufregung und diesen pochenden Herzschlag nicht mehr gespürt. »Ich weiß es«, sagte er ins Mikrofon, »die Natur spürt es. Sie spürt, dass wir uns heute wegen ihr in Bewegung gesetzt haben. Sie spürt, dass wir hier sind, weil wir uns Sorgen um sie machen. Aber sie weiß auch, dass nicht alle so denken wie wir. Die Menschen haben schon so viel Unheil auf diesem grünblauen Planeten angerichtet. Seit jener Zeit, als sie sich irgendwo im Osten Afrikas aufgemacht haben, um die Welt zu erobern. An manchen Orten haben sie schreckliche Taten begangen und einige Tierarten und Lebensräume für immer ausgelöscht. Verursacht durch Unwissenheit, Gleichgültigkeit und Maßlosigkeit. Tierarten, die Jahrmillionen überdauert haben, fanden plötzlich ihr ewiges Ende. Beutellöwen in Australien. Wollelefanten im Norden Amerikas. Zuerst mussten sie aus den gerodeten oder brennenden Wäldern flüchten und danach vor jenen, die diesen Lebensraum zerstört hatten. Am Ende waren die Wollelefanten ausgerottet. So ging es zahlreichen Lebewesen auf diesem Planeten. Die Säbelzahnkatzen in Südamerika, ausgerottet. Die Elefantenvögel auf Madagaskar, ausgerottet. Vor der landwirtschaftlichen Revolution gab es 200 Säugetiergattungen, heute sind es nur noch 100. Und es besteht die Gefahr, dass es noch weniger werden. ›Ich bin nur ein kleiner Mensch‹, hat der Bischof vorhin gesagt. Das bin ich auch, das sind wir alle. Klein und schwach wie einzelne Wassertropfen. Aber viele Wassertropfen können sogar Dämme einreißen, die man für unzerstörbar hält, und das ist letztlich die Kraft, die in uns wohnt. Wir haben schon so viel erreicht. Wir haben einen Zaun errichtet, um einen Beitrag zu leisten, dass die Natur zu ihrem Recht kommt. Denn auch die Gelbbauchunke hat ein Recht auf Leben und auch ein Baum. Ja, selbst das Wasser hat ein Recht darauf, sauber ins Tal zu fließen. Lange haben wir geglaubt, ein Zaun biete ausreichenden Schutz für unser Gebiet. Aber das war ein Fehler, denn wir haben dabei den Himmel vergessen und die Gefahren, die von dort drohen. Ich will euch heute nur eine Bitte mit auf euren Weg geben. Nur eine. Unterschreibt unsere Petition für den ganzheitlichen Schutz unseres Gebietes. Der Schutz soll zum Gesetz werden. Denn wir haben lediglich eine Natur, die wir schützen können.«

Tosender Applaus setzte ein.

»Er ist gut«, rief Amanda. »Er ist einfach verdammt gut.«

Als Fynn das Strahlen in ihren Augen sah und ihre Begeisterung, war er so hingerissen, dass er sie sofort küssen musste.

Danach traten Kinder auf die Bühne. Mädchen in weißen Kleidern, deren Haare zu Zöpfen geflochten waren. Und Jungen in weißen Hemden. Jedes Kind hielt einen kleinen Textstreifen in der Hand und las einen einzelnen Satz. Manche mit bebender Stimme, manche mit großen Pausen zwischen den Wörtern. Manchmal dauerte das Schweigen eine halbe Minute oder länger, aber die Menschen warteten geduldig, schwiegen gemeinsam mit dem Kind, bis es den Faden wieder aufnahm und den Satz zu Ende las. Danach erhielt es denselben begeisterten Applaus wie alle anderen Kinder davor. »Bitte schütze unseren Planeten«, hieß es da, oder: »Bitte helft, damit auch morgen noch Rosen blühen.«

Nachdem alle Kinder ihre Wünsche vorgetragen hatten, trat Max abermals auf die Bühne und erklärte: »Wir haben eine Überraschung für euch. Einen Ehrengast, dem es ein wichtiges Anliegen war, uns zu besuchen.«

Während er weitersprach, betraten hinter ihm Musiker eine Bühne, die auf einer Hügelkuppe errichtet worden war, und griffen zu ihren Instrumenten.

»Ihre Lieder werden momentan von sämtlichen Radiostationen hoch und runter gespielt. Sie haben für ihre Hits mehrere Grammys erhalten, und ihre Konzerte sind jedes Mal innerhalb weniger Minuten ausverkauft. Begrüßt mit mir – The Blast!«

Die Menge fing an zu toben. The Blast waren da. Konzertkarten für diese Band konnten sich nur Wohlhabende leisten, und nun waren sie da, für alle, für das gesamte Volk. Schon ertönte der Klang der Gitarre, der Bass setzte ein, die Stimme des Leadsängers erklang, und ein rauschendes Fest begann.

Die Petition wurde in den folgenden Wochen von über zwei Millionen Menschen unterschrieben, und keine zwei Monate später wurde ein Gesetz zum vollständigen Schutz der Flora und Fauna im Naturschutzgebiet erlassen. Kein Flugzeug durfte mehr über das Gebiet fliegen, kein Paragleiter, kein Fallschirm, und selbst Drohnen durften von Sicherheitskräften mit den ihnen zur Verfügung stehenden Mitteln eliminiert werden.

»Endlich«, sagte Max einmal, als er allein in seinem Büro stand und durch das Fenster hinaus auf eine Landschaft aus Bäumen und Wiesen blickte. »Endlich sind wir am Ziel.«

25. KAPITEL

»Ist es hier?«

»Ja, gleich da vorne. Das große Haus mit den grauen Fensterläden.«

»Hier?«

»Ja, da, rechts, die Altersresidenz. Nur noch an der Buchsbaumhecke vorbei. Sie können mich an der Bushaltestelle aussteigen lassen. Den Rest schaff ich allein.«

Amanda stoppte ihren weißen Toyota Elektra Zero Emission und lächelte. »Das wäre zu Fuß aber ein weiter Weg gewesen.«

»Sie sind ein Schatz«, sagte die alte Frau lächelnd und tippte Amanda dankend auf die Schulter.

»Beim nächsten Mal sollten Sie vielleicht eine andere Route wählen. Über die Landstraße ist es ziemlich gefährlich.«

»Mach ich, Schätzchen. Hab mich nur etwas verlaufen.«

Schwerfällig stieg die alte Frau aus dem Wagen und winkte wenig später am Straßenrand dem Toyota hinterher. Amanda sah sie im Rückspiegel, lächelte und schüttelte den Kopf. Steht auf der Landstraße, mit ausgestrecktem Arm und hält den Daumen in die Höhe.

Zwei Pfleger saßen unter dem Vordach und beobachteten, wie die alte Frau auf dem gekiesten Weg Richtung Eingang schlurfte. Sie humpelte leicht, aber sie kam trotz ihrer 88 Jahre und den beiden künstlichen Hüftgelenken noch gut voran.

»Agata«, rief ihr einer der Pfleger entgegen. »Endlich. Wir wollten schon die Polizei rufen.«

»Ach, wegen eines kleinen Spaziergangs?«, antwortete sie. »Ich habe auf meinem Nachtkästchen doch eine Nachricht hinterlassen. ›Bin spazieren‹. Ihr habt sie doch bestimmt gelesen!«

Der eine Pfleger lächelte dem anderen zu. »Verlässt nachts um drei ihr Zimmer, schleicht am Wärter vorbei und büxt aus wie eine junge Göre.«

»Sie hätten unglücklich stürzen können, und bis wir Sie gefunden hätten, wäre vielleicht alles zu spät gewesen. Sie werden hungrig sein, Agata.«

»Hungrig? Niemals. Ich habe immer Rosinen dabei und einen Apfel, falls ich Durst bekomme.«

Die Pfleger schüttelten den Kopf.

»Wie sie aussieht«, flüsterte einer von ihnen.

Ihre Hosen waren verschmutzt und am Saum mit grauen Wasserflecken übersät.

»Ihre Jacke«, sagte der Pfleger und zeigte auf einen großen Riss im Oberstoff. Darunter konnte man das weiße Innenfutter sehen.

»Muss wohl irgendwo hängen geblieben sein. Das flicke ich nachher.«

»Sie müssen sich abmelden, wenn Sie die Residenz verlassen, Agata.«

»Abmelden? Seit wann? Ich bin doch nur ein wenig durch den Wald spaziert.«

»Durch welchen Wald?«

»Gleich da hinten.«

»Agata, der Wald ist seit Monaten gesperrt. Wegen der kranken Eschen. Die Wurzeln sterben ab, und dann fallen diese Bäume auf einmal um. Ohne Wind und Vorwarnung. Das ist lebensgefährlich.« Leise sagte er zu dem Pfleger, der neben ihm auf der Bank saß: »Sie nervt wirklich. Das macht sie andauernd. Steht nachts auf, schreibt einen Zettel und verschwindet.«

»Wissen Sie, ob er noch lebt?«, fragte die alte Frau plötzlich. »Sie müssen mir nur sagen, ob er noch lebt. Ich hab ihn gesucht. Im Wald. Stundenlang, aber umsonst. Er heißt Jakob Salomon. Er ist … Fragen Sie mich nicht, wie alt er ist. Ich fürchte …« Kurz blickte sie nachdenklich gegen den Himmel. »Vergessen. Aber ich weiß, dass er im Nachbardorf gewohnt hat. Sogar an die Hausnummer erinnere ich mich. 31. Im Nachbardorf. Keine halbe Wegstunde von unserem Dorf entfernt. Jakob Salomon. Wir haben uns geliebt. Ich war damals noch keine 17. Er 18. Vielleicht auch 20. Ach, wenn die Dinge so weit weg sind. Es ist, als ob sich das Vergangene immer weiter davonschleicht. Dem Horizont entgegen, und je mehr es sich entfernt, desto verschwommener wird alles. Wir haben uns zwischen den

Dörfern getroffen. Drüben im Wald. Ich habe den Platz gesucht, eine leichte Kuppe. Da gab es einen bemoosten Felsen.« Die alte Frau schmunzelte. »Der bemooste Felsen war ganz flach.« Sie seufzte. »Ich hab ihn leider nicht gefunden. Den Felsen.«

»Agata«, unterbrach sie der eine Pfleger. »Die Küche schließt bald. Sie sollten jetzt essen gehen.«

»Hab den Platz einfach nicht gefunden. Es hat sich aber auch so viel verändert seit damals. Früher gab es nur Pferde- und Karrenwege. Aber heute. Da war ein riesiger Zaun. An einer Stelle ist ein Baum draufgefallen. Dort war er offen wie ein Scheunentor. Und dann bin ich eine lange geteerte Straße entlangmarschiert.«

»Eine lange geteerte Straße?«

»Ja, eine geteerte Straße. Ich frage mich: Wer braucht solche Straßen?«

»Agata, dort gibt es keine geteerten Straßen. Da gibt es nur Pfade und aufgelassene Forstwege. Sonst nichts.«

»Ganz lange und gerade läuft sie durch den Wald. Taucht ab, kommt wieder und am Ende verschwindet sie. Der Mond war so hell letzte Nacht, und zum Glück habe ich den Lärm gehört. Ich konnte mich gerade so in Sicherheit bringen. Von der Straßenböschung aus habe ich alles genau gesehen. Lastwagen mit Rädern, so groß wie ausgewachsene Menschen. 10, 20 von diesen Ungetümen sind an mir vorbeigerast. Mindestens.«

Der Pfleger schüttelte den Kopf und erzählte dem anderen: »Wir haben da einen Physiker auf der Station. Der will mir immer weismachen, dass das mit dem CO_2 und dem Klimawandel vollkommen anders sei. ›Nicht das CO_2 verursacht die Klimaerwärmung‹, sagt er, ›sondern die Klimaerwärmung bewirkt den Ausstoß von CO_2.‹ Also genau umgekehrt. Zuerst die Hitze, danach das CO_2. ›Ach so‹, staune ich: ›Darüber hab ich noch gar nicht nachgedacht, Herr Doktor Plinius. Aber jetzt, da Sie es sagen …‹ – ›Chaotisch dynamisches System‹, meint er dann, und faselt irgendetwas von Proxydaten in Gletschernähe. ›Natürlich, Herr Doktor Plinius.‹« Er wandte sich wieder an die alte Frau: »Räder so groß wie Menschen, sagen Sie?«

»Genau.«

»Natürlich, Agata. Sie sollten jetzt aber wirklich essen gehen.«

Die alte Frau nickte. »Und wenn Sie den Jakob Salomon zufällig sehen … Ich weiß gar nicht, ob er noch lebt. Er müsste jetzt … Ach, sagen Sie ihm doch, dass ich ihn gerne wieder einmal treffen würde. Wissen Sie, ich war damals sehr verliebt in ihn. Als ich 17 war oder 18.«

»Natürlich, Agata. Das machen wir. Wenn wir diesem Jonathan Soma begegnen, werden wir ihm auftragen, dass er sich unbedingt bei Ihnen melden soll.«

»Ich hab jetzt Hunger«, sagte sie abrupt. »Sie entschuldigen mich.«

Mit schlurfenden Schritten ging die alte Frau davon und verlor sich in Selbstgesprächen. Manchmal blieb sie stehen und lächelte, als würde sie gerade ein Bild aus ihrer Vergangenheit deutlich vor sich sehen.

»Natürlich«, sagte der Pfleger zu seinem Nachbarn, während sie ihr hinterherblickten. »Mannshohe Reifen und asphaltierte Straßen. Ich sag's dir. Ein Irrenhaus.« Und gedankenversonnen setzte er fort: »So etwas erlebe ich jeden Tag. Eine abenteuerliche Geschichte nach der anderen.« Und beide brachen in schallendes Gelächter aus.

26. KAPITEL

Der folgende Winter sollte zu den härtesten der letzten Jahrzehnte werden. Der Schnee fiel meterhoch, und die Temperaturen sanken nachts auf bis zu minus 30 Grad. Temperaturen, die man hier noch nie gemessen hatte.

Aber nicht nur der Winter machte den Menschen zu schaffen. Als ob das nicht genug wäre, brachen in den Grenzgebieten zu Russland heftige Unruhen aus. Einige Ethnien forderten ihre Unabhängigkeit und rebellierten gegen die Machthaber. Terroristen, so hieß es, blockierten die Gas- oder Ölleitungen oder sprengten sie an neuralgischen Punkten einfach in die Luft. Die Energielieferungen blieben aus und es dauerte oft Wochen, bis die zerstörten Leitungen repariert waren. Und die Häuser und Wohnungen kühlten allmählich aus.

Ende Dezember wurde über die Nord Stream eins und zwei auf einmal kein Gas mehr geliefert.

In ihrer Verzweiflung streiften die frierenden Menschen durch die Wälder und sammelten Äste, Zapfen und Reisig. Zu Hause nahmen sie ihre antiquierten Holzheizungen in Betrieb oder ließen in aller Eile provisorische Öfen und Kamine errichten. Die Ofensetzer kamen mit ihrer Arbeit kaum noch nach, denn die meisten Bürger hatten so sehr auf die Gas- und Öllieferungen aus dem Osten vertraut, dass sie sogar auf Kamine verzichtet hatten, als die Häuser und Wohnungen errichtet worden waren.

Die Plünderungen in den Wäldern nahmen solche Ausmaße an, dass die Waldhüter jeden anzeigen mussten, den sie dort mit einer Säge, Axt oder einem Taschenmesser antrafen. Am Rand des Schutzgebietes wurde die Anzahl der Sicherheitskräfte verdoppelt, da man befürchtete, dass Holzdiebe versuchen könnten, den Zaun zu überwinden, um sich an den dortigen Holzreserven zu bedienen.

Wütende Kommentare kursierten im Netz, in den Zeitungen und im Fernsehen. Und immer mehr Menschen erbosten sich über die Russen. »Wie konnte man sich mit diesen Verbrechern nur auf Geschäfte einlassen und sich dadurch erpressbar machen? Mit den Russen, die einen Konfliktherd nach dem anderen anheizten? Gesprengte Gasleitungen, deren Reparatur Wochen, wenn nicht Monate dauerte oder die man einfach vergammeln ließ.«

»Jetzt erhalten wir die Quittung für diesen Leichtsinn«, erboste sich ein Politiker in einer Nachrichtensendung im Fernsehen. »Kalte Heizkörper und frierende Menschen.«

Das Kriegsgeschehen im Osten weitete sich immer mehr aus und drohte zu einem globalen Konflikt zu werden. Eisenbahnverbindungen und Überlandstraßen wurden zerstört und Hunderte Ölraffinerien, Hafenanlagen und Transportfrachter in die Luft gesprengt. Und obwohl die Konflikte scheinbar weit entfernt waren, wurden ihre Auswirkungen überall spürbar. In einem Supermarkt blickten Amanda und Fynn eines Nachmittags auf leere Regale, die bis vor Kurzem mit Reis, Mehl und Nudeln gefüllt gewesen waren. Amanda berührte Fynn sanft an der Schulter und lächelte verlegen. Als wolle sie sich für ihre Arroganz von damals entschuldigen, als er ihr seinen Vorratsschrank gezeigt hatte, in dem sich Lebensmittel türmten. Fynn küsste sie, und ohne ein Wort zu verlieren, wusste er, woran sie gerade dachte.

»Wann der Nachschub geliefert wird, kann ich Ihnen nicht sagen!«, erklärte ein leicht gereizter Verkäufer einer alten Frau, die an einem Stock ging und staunend und zugleich irritiert vor einem leeren Regal stand.

»So etwas hab ich das letzte Mal als Kind gesehen«, flüsterte sie sich selbst zu.

Vielerorts machte sich eine beklemmende Stimmung breit. Die TV-Stationen änderten ihre Fernsehprogramme. Statt Krimiserien oder Talkshows traten nun vermehrt Experten auf, die erklärten, welche Nahrungsmittel in der Natur zu finden waren und wie man sie haltbar machen konnte.

Der Frühling kam spät, und er wurde nass und kalt. Die ersten Maitage überraschte das Tal sogar mit Minusgraden. In einigen Nächten wurde es so eisig, dass sich der Frost wie eine gläserne Haut über die Blüten und Keimlinge legte und die meisten davon zum Absterben brachte. Fynn und Amanda blickten eines Nachmittags traurig auf ihre Hochbeete, in denen die Tomatenpflanzen ihre Triebe welk hängen ließen.

»Die sind hinüber«, stellte Fynn fest.

»Zum Glück haben wir deine Konservendosen«, sagte Amanda ohne jeglichen Zynismus oder Spott.

Die Zeiten wurden immer grotesker. Auf den Straßen begegnete man Bildern, die man nur aus Erzählungen alter Leute kannte. Man traf Kinder und Pensionisten, die mit Ziegen spazieren gingen, angeleint wie Hunde. Die Ziegen fraßen am Wegrand oder auf Grünflächen von Parks eifrig Kräuter und Gräser. Und nachts sperrte man sie in Kellerverschläge oder auf Balkons in provisorische Ställe. Einmal sah Fynn eine Frau in abgerissenen Kleidern. Mitten im Sommer schlurfte sie in ausgetretenen Winterstiefeln eine Straße entlang und führte zwei Hühner an einer Schnur, während sie eifrig mit ihnen sprach: »Frieda, Klara«, sagte sie, »wenn ihr heute zwei Eier legt, gehen wir morgen in den Park. Dort, wo es die großen Engerlinge gibt. Egal ob der Wärter schimpft und uns verjagen will. Wir gehen in den Park.«

Vor einem Jahr hätte Fynn so etwas für abgedreht gehalten, aber heute konnte er nicht einmal darüber lächeln.

An den Kiosken gab es nun massenhaft Zeitschriften mit Survivaltipps oder Berichten von Überlebensstrategien in Krisenzeiten. Im Netz kursierten Videos von Wildnisexperten, die mit ihren Kameras durch Wälder und Wiesen streiften und Interessierten wichtige Tipps gaben. Einige Videos waren so beliebt, dass sie sogar millionenfach angesehen wurden.

Als der Nachschub an Lebensmitteln wegen des fehlenden Treibstoffs für die Lastwagen immer seltener wurde und man immer öfter von gesprengten Straßen las, die Transportwege unbenutzbar machten, befürworteten einige Politiker, im Norden des Landes einen kleinen Flughafen auszubauen, zumal die Gesundheitsorganisation »We feed« große Lebensmittellieferungen zugesichert hatte. Die Lieferung dieser Güter erfolge jedoch ausschließlich über eine Luftbrücke, da der Transport auf dem Landweg zu gefährlich und manchmal auch unmöglich geworden sei.

Wäre dieses Vorhaben wegen der Lärm- und Umweltbelastung bis vor Kurzem undenkbar gewesen, so wurde die Idee nun von den meisten sogar willkommen geheißen. Selbst Max sprach sich in einem Interview für den Ausbau der Landebahn aus und erklärte, dass auch die Menschen in der Region ein Teil der Natur seien und ein Recht darauf hätten, satt zu werden. Der Flughafen befinde sich zudem 20 Kilometer vom Rand des Naturschutzgebietes entfernt, sodass keine Beeinträchtigungen für die Flora und Fauna zu erwarten seien.

Es dauerte nur wenige Wochen, bis die sonst sehr träge agierende Bürokratie des Landes das Vorhaben bewilligte. Und so konnte bereits zwei Monate nach Beginn der Debatte mit dem Ausbau der Landebahn begonnen werden.

Das Gelände wurde zur Großbaustelle. Eine Armada von Baggern, Baumaschinen, Kränen und Muldenkippern war im Einsatz. Erde wurde ausgehoben und hohe Wälle aufgeschüttet. Neben der Landebahn wurde eine riesige Lagerhalle errichtet, die mit sämtlichen Sicherheitsstandards ausgestattet wurde. Um das gesamte Areal lief bald ein fünf Meter hoher, mit Stacheldraht bewehrter Schutzzaun, der mit Wärmebildkameras und Bewegungsmeldern ausgestattet war. Am Zaun befand sich zusätzlich eine fünf Meter hohe Schutzmatte, die den Blick auf das Innere des Geländes verwehrte.

»Wofür?«, fragten einige Kritiker. »Weshalb so ein Aufwand für einen Flughafen?«

Die zuständigen Politiker beruhigten die Kritiker sofort.

»Wir müssen vorbereitet sein«, erklärte der Infrastrukturminister. »Wir wissen nicht, wann die Lieferungen bei uns eintreffen, und wir wissen nicht, wie groß diese Lieferungen sein werden. Wichtig in diesen harten Zeiten ist eine funktionierende Infrastruktur, und das darf nicht an fehlenden Lagerkapazitäten scheitern. Deshalb haben wir ein modernes und hochgesichertes

Logistikzentrum errichtet, denn in Notzeiten könnten Plünderungen an der Tagesordnung sein. Es geht um das Wohl der Bevölkerung und deshalb sind die hohen Ausgaben auch gerechtfertigt.«

Viel zu spät bemerkte man jedoch, dass die Länge der erforderlichen Flugbahn erheblich überschritten worden war, sodass nun sogar riesige Jumbos hätten landen können.

Aufgebrachte Bürger demonstrierten so heftig gegen den Irrtum, den die Politik mit der eiligen Realisierung des Projektes entschuldigte, dass am Ende der ursprünglich geplanten Landebahn riesige Brunnentröge aufgestellt wurden. Der Rest der asphaltierten Strecke wurde humusiert und begrünt, sodass der Protest allmählich verstummte.

Bald landeten tatsächlich die ersten Frachtflugzeuge im Tal. Paletten mit Getreide wurden entladen, Kisten mit Obst, Gemüse und Arzneimitteln, an denen seit einiger Zeit großer Mangel herrschte. Aber bereits im Herbst stockten die Lieferungen. Tagelang landete kein Flugzeug und kein einziges startete. Anfang November blieben die Transporte auf einmal gänzlich aus.

Diese unruhigen Zeiten hatten noch weitere drastische Folgen. Die Arbeitslosigkeit stieg dramatisch und lag schon bei 40 Prozent, was zu Protesten führte. Tausende Menschen strömten durch die Straßen, trafen sich zu Kundgebungen und wohnten den Ansprachen von Oppositionellen bei. Wer die Demonstranten sah, wusste, dass sie litten. Ihre Wangen waren eingefallen, die Kleider abgetragen. Und in ihren Gesichtern fehlte jede Freude.

Doch die Regierung blieb optimistisch und versprach eine baldige Verbesserung der Lage. Aus dem Westen seien Zusagen für große Kredite eingegangen, die das Wachstum ankurbeln und dem Volk zu erneutem Wohlstand verhelfen werden. Und immer wieder wurde der Glaube an eine Zukunft mit hohem Wirtschaftswachstum beschworen.

»Wir werden Arbeitsplätze schaffen«, versprach die Regierung.

Als Erstes war geplant, das Verkehrsnetz zu sanieren. Kurven sollten begradigt, Straßen verbreitert und Brücken erneuert werden.

»Jeder, der arbeiten will, wird auch Arbeit bekommen«, versprach der Arbeitsminister.

Im Bereich des Schutzgebietes galten jedoch strenge Auflagen. In einem Interview, das Max einer Fernsehstation gab, begrüßte er die Maßnahmen der Regierung. Allerdings konnte die Familie für jegliche Bautätigkeiten, die unter fünf Kilometer an das Naturschutzgebiet heranreichten, besondere Auflagen durchsetzen. Schweres Gerät war in diesem Bereich strikt untersagt, da man nicht wissen konnte, ob die Maschinen Öl, Treib- oder andere Schadstoffe verloren und damit die Umwelt kontaminierten und schädigten. Sämtliche Bauarbeiten mussten händisch ausgeführt werden. Es durfte nur gepickelt und geschaufelt werden. Und das anfallende Erdreich hatte man mit Schubkarren zu transportieren. Zudem wurde mit dem Denkmalschutzamt Kontakt aufgenommen. Neue, aus Stein errichtete Bogenbrücken mussten genauso aussehen wie die alten. Für ihren Bau wurden eigens italienische Steinmetze verpflichtet, die seit Generationen ihr Wissen und Können weitergaben.

Dank der gewährten Kredite konnte schon ein Monat später mit den Arbeiten begonnen werden. Die Löhne waren niedrig, viel niedriger als vor einem Jahr, aber die Arbeiter jammerten nicht, und wer es trotzdem tat, musste nach kürzester Zeit Platz für einen Arbeitssuchenden machen.

Rasch gelang es, den Hunger zu mindern, und schon vor dem Winter gab es Abschnitte mit Straßen, die wie Autobahnen gerade und breit durch das Land liefen.

»Das ist doch alles zusammen verrückt«, empörten sich die Menschen in den Gasthäusern. »Wofür solche breiten, geraden Straßen, wenn wir überhaupt kein Öl und kein Gas mehr bekommen? Damit wir mit den Fahrrädern zu siebt nebeneinander dahinfahren und uns gemütlich unterhalten können?«

»Und wofür sind diese Plattformen, alle 500 Meter?«, beklagte sich ein anderer. »Und diese hohen Zäune links und rechts der Straße mit ihren Überwachungskameras? Damit wir Erinnerungsfotos von unseren Radausflügen bekommen, zum 80. Geburtstag oder so? Da ist doch etwas faul!«

Doch die Reden der Wirtshausgäste erreichten kein Internet, keine Fernsehsendung und keine Tageszeitung. Über diese Themen wurde in den Medien nicht gesprochen.

»Das Wirtschaftswachstum«, präsentierte eine Fernsehmoderatorin eines Abends in den Hauptnachrichten, »hat im letzten Quartal um satte 2,7 Prozent zugelegt. Die Arbeitslosenzahlen sinken, das Bruttosozialprodukt steigt! Und überaus positiv muss bemerkt werden, dass die Zahl der Sozialhilfeempfänger deutlich zurückgegangen ist. Es geht wieder aufwärts.«

27. KAPITEL

»He, Fynn!«

Die Stimme in seinem Rücken kam ihm bekannt vor, aber er durfte sich nicht umdrehen. Nicht jetzt, da er die voll beladene Schubkarre über das schmale Brett schob, das als Steg diente. Das Holz war dünn. Bei jeder Unebenheit im Untergrund bog es sich auf diese und dann wieder auf die andere Seite. Wenn man nicht aufpasste, kippte die Schubkarre seitlich weg und die Arbeit war umsonst. Vorne, am Rand der Halde war das Ziel. Dorthin musste er.

Keine zwei Kilometer vom Schutzgebiet entfernt wurde eine neue Bogenbrücke errichtet. Optisch sollte sie jener gleichen, die einige Schritte entfernt den Bach überquerte. Die alte Brücke sah noch genauso aus wie damals, als sie eröffnet worden war. Und das lag über hundert Jahre zurück. Es gab mehrere alte Schwarz-Weiß-Fotografien des Einweihungsfestes. Mit Fahnen, Girlanden aus Fichtenzweigen und Hunderten Menschen in Sonntagskleidern. Die neue Brücke sollte jedoch um ein Vielfaches größer werden als die alte. Die Art und Weise, wie man sie hochzog, war allerdings dieselbe wie damals. Holzverschalungen, auf denen die Sandsteinbögen aufgebaut wurden, Flaschenzüge, die die Lasten hoben, und massenhaft Arbeitskräfte, die das Erdmaterial von einem Ort zum anderen karrten und Sandsteinblöcke schleppten.

Fynn und Amanda arbeiteten schon seit mehreren Wochen auf dieser Baustelle. Ehrenamtlich und natürlich auch ein bisschen deswegen, damit von der Firma, die den Bauauftrag erhalten hatte, alle Naturschutzauflagen erfüllt wurden.

Es war ein Abenteuer, bei diesem Projekt dabei zu sein, dachten sich Fynn und Amanda oft. Auch wenn sie anfangs Schwielen an den Händen hatten, weil sie die Arbeit nicht gewohnt waren. Zuzusehen, wie die Brücke wuchs, erfüllte sie mit Stolz, und was sie besonders faszinierte, war, dass sie die Handwerkskunst vergangener Zeiten bestaunen durften.

Manchmal schleppte Fynn schwere Sandsteinblöcke, aber meistens schob er eine voll beladene Schubkarre zu einer Abraumhalde. Zweimal war ihm die Fuhre auf dem Weg dorthin schon umgekippt, was bei den erfahrenen Arbeitern schallendes Gelächter ausgelöst hatte. Aber diesmal ging alles gut. Er hatte gerade die Kante erreicht, stellte die Schubkarre hoch und hörte, wie die Erde davonrieselte.

»He, Fynn. Du bist es doch, nicht wahr?«

Fynn drehte sich um. Er kannte diesen Mann von irgendwoher. Sein blauer Arbeitsoverall und der gelbe Bauhelm passten allerdings nicht zu dem Bild in seiner Erinnerung.

»Carlo Schmid. Wir kennen uns von damals.«

»Ach«, meinte Fynn. »Ja, natürlich. Du bist doch der mit diesen abenteuerlichen Artikeln. Wie hieß die eine Serie noch gleich?

»›Die unglaubliche Geschichte‹«, erwiderte Schmid.«

»Ja, genau. Recherchierst du in einem neuen Fall? Wie die Mafia Schutzgelder für Brücken erhebt, die von italienischen Steinmetzen errichtet werden? Oder so etwas Ähnliches?

Carlo Schmid wirkte sehr ernst. »Nein, als Journalist bekomme ich keine Stelle mehr. Egal, wo ich anfrage. Jetzt bin ich hier gelandet. Zum Mindestlohn. Aber wenigstens habe ich eine Arbeit.«

»Das wundert mich nicht, dass du als Journalist keinen Job mehr bekommst, nachdem du versucht hast, gutgläubige Menschen hinters Licht zu führen.«

»Fynn, hör mal.« Auf einmal begann Carlo Schmid zu flüstern: »Du kommst mir vor wie ein Passagier und nicht wie der Pilot deiner Gedanken. Fällt dir nichts auf? Die verlängerte Landebahn, die Lobbyisten und Hedgefondsmanager, die seit einiger Zeit hier aufkreuzen wie Heuschreckenschwärme und den Kontakt zur Familie suchen. Das kann doch kein Zufall sein.«

»Ist es auch nicht, Schmid. Diese Leute interessieren sich einfach dafür, wie erfolgreiche Systeme funktionieren, verstehst du das, du König der Fakenews?«

Fynn war so laut geworden, dass Amanda auf einmal neben ihm auftauchte. »Lass ihn, Fynn. Ignorier ihn.«

Aber Fynn hatte sich in Rage geredet und schrie Carlo Schmid an: »Ich frage mich ja, was in deinem Kopf durcheinanderkreiselt. Hinter jedem und allem siehst du eine Verschwörung. Du bist doch vollkommen durchgeknallt. Zum Glück schleppst du hier nur Steine und kannst kein Unheil anrichten.«

»Lass ihn jetzt, Fynn. Komm.«

»Ich komm ja schon.«

Er ließ Schmid stehen und schob seine leere Schubkarre langsam davon.

Schmid eilte ihm hinterher, hielt ihn an der Schulter fest und flüsterte ihm ins Ohr: »Ich habe Beweise. Hörst du? Harte Beweise! Ich zeige sie dir.« Verstohlen steckte er ihm eine Visitenkarte zu. »Du weißt, wo du mich findest.«

Fynn nahm Schmids Hand von der Schulter und ging weiter.

»Alles in Ordnung, Amanda«, sagte Fynn zu seiner Freundin, die kopfschüttelnd neben ihm stand. »Ich hab mich beruhigt.«

Dann entdeckte er einen Aktivisten, der ihm drüben vom Hang zuwinkte. »Wir sehen uns nächste Woche«, rief Fynn zu ihm hinüber und lächelte. »Bei der Besprechung«, und gab einen Daumen hoch.

»Freu mich schon riesig darauf.«

»Was wollte er von dir?«, fragte ein grauhaariger Baupolier mit dickem Bierbauch, den Fynns Geschrei angelockt hatte.

»Ach, nichts«, erklärte Fynn achselzuckend. »Nur so ein Spinner, der Unsinn erzählt.«

Es war spät am Abend. Weit nach zehn. Die Straßen waren ruhig und fast menschenleer. Nur manchmal sah man Autos vorüberfahren, weißes Licht von Scheinwerfern oder rote Rücklichter.

»Ob das wirklich Sinn macht?«, fragte Amanda. »Vielleicht bekommen wir Ärger, Fynn, richtigen Ärger.«

»Diese Augen, Amanda. Es war nur ein kurzer Moment, aber als er meine Schulter gepackt und mir in die Augen gesehen hat ... Da war so eine Ehrlichkeit. Das hab ich zumindest so gefühlt.«

Amanda schüttelte den Kopf. »Ich meine, wenn die in der Familie wüssten, wohin wir jetzt gehen.«

Plötzlich zuckte sie zusammen. Ein Fahrradfahrer ohne Licht rollte an ihnen vorbei. »Ich bin schon ganz durcheinander«, seufzte sie. »Sie könnten das als Verrat auslegen.«

»Wir gehen nur spazieren, Amanda.«

»Noch, ja. Gleich nicht mehr. Wir sind verrückt, so etwas zu tun. Es ist, als ob wir zugeben würden, dass an der Geschichte tatsächlich etwas dran sein könnte.«

Fynn blieb stehen, küsste sie auf den Mund und flüsterte: »Vielleicht hast du bald lebenslang einen Grund mich aufzuziehen.« Übermütig kniff er ihr in die Hüften. »Gib zu, du bist doch auch neugierig, welche harten Fakten er uns zeigen will.«

Vor einem grauen Hochhaus blieben sie stehen. Manche Fenster waren von Licht erfüllt, die meisten waren jedoch schon dunkel.

»Irgendwie komisch«, flüsterte Fynn. »Mir ist, als würden wir gleich etwas Bombastisches erleben.«

Sie klingelten. Der Öffner surrte, und als die Tür schon fast hinter ihnen ins Schloss schnappte, hörten sie über die Gegensprechanlage Schmids Stimme. »Vierter Stock, Wohnung 49.«

Schmids Zuhause war spartanisch eingerichtet. Alles war in Weiß gehalten. Stühle, Schränke, Tische, die Kücheneinrichtung, bis auf den chromglänzenden Dunstabzug. Nichts verriet etwas über Schmids Privatleben. Keine Bücher, keine Familienfotos, keine Erinnerungsgegenstände.

»Kommt«, sagte er und bat sie in einen großen Raum, in dem sich ein ausladender Tisch und einige Stühle befanden. Auf dem Tisch lag ein überdimensionales Vergrößerungsglas mit einer Beleuchtungsfunktion.

»Bitte nehmt Platz. Was zu trinken?«, fragte er.

»Danke«, sagte Fynn. »Wir haben nicht viel Zeit.«

Schmid lächelte und nickte. »Es könnte euch jemand gefolgt sein.« Auf einmal wurde er sehr ernst. »Hier sind sie. Die harten Fakten. Aufnahmen aus dem Schutzgebiet, aufgenommen mit einer hochauflösenden Drohnenkamera.«

Vor ihnen lagen mehrere großformatige Farbfotografien. Luftaufnahmen, offensichtlich aus dem Schutzgebiet, aus allen Jahreszeiten. Aus dieser Perspektive erinnerte die Landschaft an ein Stoffmuster. Grüne Kreise, manchmal unterbrochen vom helleren Grün einer Wiese, dann wieder grüne Kreise, die ineinander übergingen. Die Baumkronen waren nur an ihren unterschiedlichen Grünschattierungen erkennbar. Auf einigen Bildern waren die Kronen nackt und glichen verästelten grauen Scheiben, die auf den weißen Untergrund projiziert waren, während das Grün der Nadelbäume im Winter viel kräftiger wirkte als im Sommer.

Sie studierten die Fotografien genau. Doch nach einer Weile seufzte Fynn, und Amanda schüttelte fast gleichzeitig den Kopf.

»Siehst du etwas, Fynn? Also ich sehe nichts.«

»Geht mir genauso ... Was soll der Scheiß, Schmid? Schöne Naturaufnahmen. Aber wo sind die Fakten?«

»Ihr müsst genauer hinsehen.« Er fuhr mit dem Zeigefinger eine leicht geschwungene Linie entlang. »Seht ihr das? Wald, Wiese, Lichtungen?«

»Ja, und?«, fragte Fynn.

»Das sind keine Bäume, keine Wiesen und Lichtungen.«

»Sondern?«

»Eine Plane.«

»Eine Plane? Natürlich«, sagte Fynn zynisch. »Genau, eine Plane. Das ist doch dummes Geschwätz,

Schmid. Wir hätten nicht hierherkommen sollen. Das war eine Quatschidee von mir. Los, Amanda, gehen wir.«

Wütend stand er auf, wobei die Beine des Stuhls laut über den Boden schrammten.

Schmid berührte ihn an der Schulter. Fynn wusste nicht, weshalb, doch Schmids Berührung fühlte sich so bestimmend an, dass er wieder Platz nahm.

»Ich erklär es euch. Es gibt diese Planen, ein hochsensibles militärisches Produkt. Deren Oberfläche passt sich beinahe in Echtzeit der Umgebung an und integriert sämtliche Außenreize, die sie wahrnimmt, in sich selbst. Egal ob Wolken über dem Gebiet hinweggleiten, ob es regnet, schneit oder Nebel aufzieht. Abertausende Sensoren projizieren ein täuschend echtes Bild auf die Plane und suggerieren dem Betrachter aus der Luft eine andere Wirklichkeit. Die perfekte Täuschung. Hier«, er folgte mit seinem Finger einer Linie, »unter der Plane befindet sich eine Straße.«

»Im Ernst, Schmid! Wer soll diesen Scheiß glauben? Und wofür der ganze Aufwand? Das gibt doch keinen Sinn!«

Amanda erhob sich mit einem mitleidigen Kopfschütteln.

»Ihr müsst auf die Kleinigkeiten achten. Denn manchmal unterlaufen auch den besten Profis Fehler. Da! Seht ihr das?« Schmid tippte mit seinem Zeigefinger auf ein kleines Detail. »Hier!«

Der Bildausschnitt war nicht groß, trotzdem war alles gestochen scharf und deutlich zu erkennen.

»Ein Außenspiegel, der unter der Plane hervorlugt. Oder hier«, nun wanderte sein Zeigefinger etwas weiter, »ein ausgestreckter Arm, der sich auf eine Schaufel stützt. Oder hier, deutlich zu erkennen, die Rücklichter eines Lasters.«

»He, Schmid. Für wen hältst du uns eigentlich? Für Deppen aus dem letzten Jahrhundert, denen man jeden Mist aufschwatzen kann? Lass es bleiben. Das ist gut reinmontiert. Aber eben fake. Wie deine ganze Geschichte. Du bist echt krank, Schmid. So was von krank. Jetzt bin ich doppelt froh, dass du als Journalist keinen Job mehr bekommst. Du bist doch gemeingefährlich!« Er wandte sich seiner Freundin zu. »Los, wir gehen, Amanda. Was bin ich doch für ein Idiot, mit diesem Spinner meine Zeit zu vergeuden?«

Doch plötzlich setzte sich Amanda wieder auf den Stuhl. Und während sich Fynn weiter ärgerte, starrte sie auf eine Fotografie, die etwas abseits lag. Sanft stieß sie Fynn gegen das Schienbein, fuhr mit dem Zeigefinger eine Linie entlang und tippte kurz auf die Abbildung einzelner Baumkronen. Fynn folgte mit dem Blick ihrem Finger, während er aufgebracht weitersprach. Aber mit jedem weiteren Hinweis, den ihm Amanda gab, erschöpfte sich sein Zorn immer mehr.

»Was ist?«, wollte Schmid wissen.

»Ach nichts«, entgegnete Fynn, während er auf die

Fotografie starrte. »Nur eine Erinnerung an frühere Tage. – Amanda, komm«, sagte er rasch. »Danke, dass du uns die Bilder gezeigt hast, Schmid. Wir müssen jetzt wirklich gehen.«

Im Stiegenhaus blieben sie stehen.

»Hast du auch gesehen, was ich gesehen habe?«

Fynn nickte bestürzt.

»Hast du das gesehen?«

Fynn nickte immer wieder.

»Die Kiefern? Den alten Eichenbaum? Den kleinen See, in dem wir gebadet haben?

Das kann dieser Typ gar nicht wissen. Kann er nicht. Er hat uns den See nicht einmal gezeigt. Das gibt's doch nicht. Das Ufer glich damals einem weit geöffneten C. Aber auf dem Bild ist von diesem C nichts mehr vorhanden, nur noch dieser gerade Strich. Als sei es der Rand eines riesigen Schwimmbeckens.«

Als Fynn erwachte, saß Amanda aufrecht im Bett. Es war 4 Uhr früh. Er berührte ihren Rücken und streichelte sie sanft.

»Was ist, wenn das alles stimmt?«, fragte sie leise. »Wenn die Fotografien tatsächlich echt sind? Was ist, wenn das Ufer des Sees kein langgezogenes C mehr ist, sondern ein U. Aber wofür, Fynn? Weshalb sollte jemand so etwas tun? Wofür einen solchen Aufwand betreiben? Das gibt doch einfach keinen Sinn.«

»Ich weiß es nicht, Amanda. Vielleicht hat er uns

getäuscht. Vielleicht ist auch das Uferbild eine Fälschung.«

»Er hat uns dieses Bild doch gar nicht gezielt gezeigt. Ich habe es doch nur zufällig entdeckt, Fynn. Er kann nicht wissen, dass wir im Sommer genau in diesem See gebadet haben, oder? Das kann er unmöglich wissen, Fynn. Das gibt keinen Sinn. Ein Bild zu fälschen, von dem er nicht wissen konnte, dass wir kleine Details kennen. Aber was ist, wenn dieses Ufer nicht mehr so ist, wie es war, und wenn alles andere ebenfalls kein Fake ist? Vielleicht gibt es diese Planen wirklich.« Und schon war sie aufgesprungen und hatte ihren Laptop eingeschaltet. Blaues Licht erhellte ihr Gesicht.

»Komm ins Bett, Amanda.«

Nach wenigen Minuten klappte sie den Computer zu, setzte sich aufrecht ins Bett und seufzte. »Verdammt, Fynn. Diese Scheißdinger gibt es wirklich. Tarnplanen für militärische Zwecke. In Saudi-Arabien, in der Türkei und in Estland hat sich der Einsatz dieser Materialien schon mehrfach bewährt.«

In ihren Augen sah Fynn auf einmal den Glanz von Tränen. »Wie wäre es überhaupt möglich, so etwas zu tun?«, fragte er. »An den Augen und Ohren der Menschen vorbei?«

»Ich weiß es nicht, Fynn. Ich weiß es nicht. Aber eines steht fest: Wenn aus dem C ein U geworden ist, dann durch Menschenhand. Und wenn es jemand getan hat, kann es nur jemand von uns gewesen sein. Mit Genehmigung und Einwilligung von ganz oben. Sonst lässt sich das nicht umsetzen.« Sie straffte die Schultern. »Ich will das Ufer sehen«, sagte sie entschlossen.

»Das geht nicht, Amanda. Spätestens nachdem wir uns dem Sicherheitszaun auf 50 Meter genähert haben, springen sämtliche Warnsysteme an, und keine zehn Minuten später stehen die Sicherheitskräfte mit ihren Rottweilern vor uns. In das Schutzgebiet einzudringen ist genauso schwierig, wie in ein Hochsicherheitsgefängnis einzubrechen. Das geht nicht, Amanda.«

»Es ist nicht zu glauben«, flüsterte sie resigniert und ließ sich mit einem Seufzer auf das Bett fallen.

Fynn fing wieder an sie zu streicheln. »Du wirst das Problem hier und jetzt nicht lösen können. Morgen sehen wir weiter. Vielleicht finden wir eine Lösung. Lass uns jetzt ein bisschen schlafen.«

Und dann drehte sie sich wie jede Nacht, kurz bevor sie einschlief, zur Seite, Fynn legte seinen Arm um ihre Hüfte und küsste sie auf den Rücken.

»Versuch zu schlafen, mein Schatz.«

»Ich bin so froh, dass du da bist«, flüsterte Amanda nach einer Weile. »Ohne dich würde ich durchdrehen.«

»Ich liebe dich«, flüsterte Fynn.

»Ich dich auch.«

Am nächsten Tag streiften sie in der Nähe des Schutzgebietes stundenlang durch das Gelände. Am frühen Abend kontrollierte sie ein Waldhüter, der sie für Brennholzdiebe hielt. Lächelnd zeigten sie ihm ihre Weidenkörbe und die Blaubeeren und Pfifferlinge, die sich darin befanden.

»Für den Winter«, erklärte Amanda. »Wir kochen Marmelade ein, machen Sirup und trocken die Pilze für Suppen.«

Der Waldhüter ließ sie ziehen. Als sie aus seinem Blickfeld verschwunden waren, suchten sie das Gelände weiter nach einem Schwachpunkt des Zauns ab. Sie kletterten über bemooste Felsen und folgten den Läufen von Bächen. Einmal rutschten beide Dutzende Meter ein abschüssiges Gelände hinab und landeten schließlich auf einer Moräne, die sich am Fuß der steilen Halde angehäuft hatte. Ihre Hände waren von scharfkantigen Steinen zerschnitten, und Amanda blutete aus den Lippen. Trotzdem gaben sie nicht auf, kletterten den Abhang wieder hoch und streiften weiter durch unwegsames Gebiet. Sie suchten nach toten Winkeln, nach nicht einsehbaren Felsflanken, nach irgendeiner Bresche. Aber da war nichts. Die Anlage war so durchdacht, dass nicht einmal der kleinste Fehler ersichtlich war.

»Klar«, seufzte Fynn resigniert. »Wer in Saudi-Arabien einen Sicherheitszaun von mehreren hundert Kilometern Länge errichtet, weiß, wie das geht. Da kommen wir nicht durch, Amanda.«

Aber trotzdem setzten sie ihre Suche Woche für Woche fort. Drei Monate später standen sie an einem Sonntagvormittag im Oktober vor einem zehn Meter hohen Erdwall. Er war mit Gras bewachsen, einigen wilden Rosensträuchern und Brombeerstauden. Parallel hinter dem Erdwall verlief der Zaun. Wenn sie an der Westseite dieses Hügels standen, waren sie vollkommen geschützt vor Radaranlagen, Bewegungsmeldern und Wärmebildkameras.

Wenig später kletterten sie auf eine Anhöhe. Vorne sahen sie den Wall, den Zaun und dahinter wie eine Spiegelung einen weiteren Erdwall. Das Gelände dorthin fiel leicht ab.

»Wenn wir irgendwie das Ostende des anderen Hügels erreichen, ist es genau wie an der Westseite. Wir wären zu 100 Prozent vor sämtlichen Anlagen geschützt.«

Fynn nickte, kehrte noch einmal zum Erdwall zurück und grub mit einem Ast ein armtiefes Loch in den Hügel. Die braune Erde war mit kleinen Schottersteinen versetzt. »Ich glaube, das könnte funktionieren.«

Bis spät in der Nacht saßen sie vor ihren Laptops und studierten Luftbilder der beiden Hügel. Sie sahen sich Höhenprofile an, Seitenprofile und maßen die Distanz vom Westende des einen Hügels bis zum Ostende des anderen Hügels.

»Ja«, rief Fynn auf einmal. »So machen wir das.«

»Was machen wir?«

»Mein Onkel Jorgo hat eine Modelleisenbahn.«

»Fynn?«

»Ja, eine Modelleisenbahn. Im Garten. Die Lokomotive wird sogar mit echter Kohle befeuert. Die Spurbreite der Schienen beträgt keine 20 Zentimeter, aber die Anlage ist so stabil, dass sie sogar Menschen transportieren kann. Ich glaube, er würde uns bestimmt einige Schienen leihen.«

Amanda zuckte mit den Achseln.

»Wir müssen einen Stollen anlegen. Nicht groß. Nur 50 auf 50 Zentimeter. Nordrichtung 28 Grad. Mit einem Gefälle von 4,7 Prozent, dann führt der Stollen unter dem Zaun hindurch und erreicht nach 97,48 Metern am Ostfuß des anderen Hügels wieder das Tageslicht. Ich habe das ausgerechnet und mehrere Male kontrolliert. Denn nichts wäre tragischer, als mitten im Hang herauszukommen, vor sich das gähnende Nichts und zehn Meter weiter unten den Waldboden zu sehen. Außer vielleicht zwei Meter unter dem Ziel hindurchzugraben, ohne jemals an die Oberfläche zu gelangen.

Wir müssen circa 25 Kubikmeter Erde bewegen. Das ist ein Laster voll. Die Erde verstreuen wir im Wald. Das fällt nicht auf. Im Stollen verlegen wir Schienenstränge, leihen uns von meinem Onkel einen Ladewaggon, auf dem ich liege, und einen Transportwaggon, den ich mit Erde befülle. Wenn alles klappt, sind wir in 49 Tagen im Gebiet und können uns danach auf den Weg zum See machen.«

Als Amanda in der folgenden Nacht neben Fynn im Bett lag, fragte sie auf einmal: »Was machen wir, wenn Schmid die Wahrheit gesagt hat?«

»Daran will ich gar nicht denken.«

Eine Woche später spazierten sie an einem kühlen Novembertag mit zwei Rucksäcken durch den Wald. Leichter Nebel lag über dem Tal, darüber zeigte sich schemenhaft das Blau eines wolkenlosen Tages. Es roch nach feuchter Erde und Herbst. In ihren Rucksäcken befand sich alles, was sie brauchten. Kompass, Gefällsmesser, Schienen, zwei Waggons der Modelleisenbahn, Grubenholz, das Arbeitswerkzeug und etwas Verpflegung.

»Los«, sagte Fynn, als die Vormittagssonne wenig später durch den Nebeldunst und die herbstlich verfärbten Blätter blinzelte. »Lass uns anfangen.«

Sie gingen mit großem Eifer an die Arbeit. Während Fynn den Stollen vorantrieb, befüllte Amanda Jutesäcke mit Erde und verstreute sie gleichmäßig in der Umgebung. Sie schüttelte danach sogar die Brombeersträucher oder jungen Buchenbäume, damit kein Krümel Erde auf den Blättern liegen blieb. Sie erledigte ihre Arbeit so gewissenhaft, dass sie später nicht einmal sagen konnte, ob sie diesen oder jenen Platz schon mit Erde bedeckt hatte.

Sie wusste, wenn ihre Arbeit nicht perfekt gemacht würde, lockte das vielleicht Menschen an, die Verdacht schöpften. Und dann wäre womöglich alles vorbei.

Am späten Nachmittag hatte sich Fynn schon vier Meter weit in den Hügel vorgearbeitet – viel weiter als gedacht –, er hatte Schienen verlegt sowie Stützen und Balken eingezogen. Als Amanda zwei Meter tief in den Stollen vordrang, um den Fortschritt zu begutachten, sagte sie verblüfft: »Wie du das kannst! Als ob du das schon immer gemacht hättest.«

Es dämmerte bereits, als sie ihre Werkzeuge im Stollen versteckten. Den Eingang verschlossen sie zuletzt mit Ästen und Laub und machten sich auf den Heimweg.

Erschöpft saßen sie später auf dem Wohnzimmersofa und tranken ein Glas Merlot. Sie waren immer noch aufgekratzt vor Aufregung.

»Ich spüre, wie es in meinen Händen und Armen pocht«, sagte Fynn und lächelte trotzdem. »Ist wirklich harte Arbeit, unter Tage zu schuften.«

Mit einer Nadel stach Amanda Fynns Blasen an den Handballen auf. Ihre Finger und ihr Rücken schmerzten.

»Wir sind verrückt«, ächzte Fynn, als er den Nadelstich spürte. »So etwas können nur Verrückte tun.«

»Vielleicht sind wir sogar schneller am Ziel als geplant. Ich meine, vier Meter an einem Tag, das ist der Wahnsinn.«

Trotz allem genossen sie ihre Erschöpfung, und der Wein, der ihre Gedanken vernebelte, machte sie beinahe euphorisch.

»Wenn wir so weitermachen, brauchen wir keine vier Wochen«, sagte Fynn.

Anfang Dezember lief der Stollen bereits 65 Meter durch das Erdreich. Bis jetzt hatte niemand von ihnen Notiz genommen, denn das Gebiet war so unwegsam und abgelegen, dass sich nicht einmal die abenteuerlustigsten Brennholzsammler hierher verirrten.

Fynn hatte das Gefälle von 4,7 Prozent beibehalten und die Schienen liefen mit dem vorgegebenen Nordwinkel von 28 Grad durch den Hügel.

»Wir sollten den Zaun schon hinter uns gelassen haben«, stellte er fest, nachdem er einmal aus dem Stollen aufgetaucht war und seinen Plan betrachtete, der inzwischen zerfranst und abgenutzt aussah. Wir haben ihn zwei Meter tief im Boden passiert.«

Schnell verschwand er erneut in der Dunkelheit, während Amanda das Seil, das am Ende des Ladewaggons verknotet war, locker zwischen ihren Händen davongleiten ließ. Später würde sie das Seil spannen, auf Fynns Zeichen warten, indem er es mit den Schuhen dreimal bewegte, und ihn mit den Waggons aus der Dunkelheit herausziehen. Um Amandas Arbeit ein wenig zu erleichtern, lief das Seil über mehrere Umlenkrollen eines Flaschenzugs, was die Mühe des Ziehens doch sehr verringerte. Fynn unterstützte sie zusätzlich, indem er sich von Stütze zu Stütze zurückschob.

Amandas Transportwege wurden immer länger. Schon über einen halben Quadratkilometer erstreckte sich ihr Gebiet. Während ihrer Arbeit hatte sie bis jetzt nur ein Reh gesehen und zwei Bussarde, die weite Kreise über den Baumwipfeln zogen. Sonst war es vollkommen ruhig. Und zum Glück war in diesem Winter noch kein Schnee gefallen, der ihre Spuren verraten hätte.

»Wir brauchen vielleicht noch acht Tage«, erklärte Fynn, als er Amanda half, die nächste Fuhre in die Jutesäcke zu füllen.

»Die Erde ist locker und lässt sich hervorragend bearbeiten.«

»Bald«, sagte Fynn, und wischte sich den Schweiß aus dem verschmutzten Gesicht. »Bald haben wir es geschafft«. Dann legte er sich auf den Wagen und rollte im Licht der Stirnlampe hinab in den Stollen. Die geschmierten Räder der Wagen schnurrten leise über die Gleise. Es war ein mächtiges Gefühl, so dahinzurollen und gleichzeitig zu wissen, dass sie schon so viel Arbeit hinter sich gebracht hatten.

Als Fynn das Ende des Stollens erreichte, nahm er wie jedes Mal den Kompass, kontrollierte den Nordwinkel und das Gefälle und schaufelte weiter. Nichts wäre schlimmer, dachte er, als sich zu vermessen. Denn dann wäre unter Umständen alles umsonst gewesen.

An einem frostigen Samstagvormittag, als den Gräsern, Blättern und feinen Ästchen über Nacht weiße Nadeln aus Raureifkristallen gewachsen waren, überschritt Fynn die Strecke von 90 Metern. Er war euphorisch.

»Zwei Tage«, versicherte er Amanda, »und sind wir durch.« Er war so aufgekratzt, dass er Amanda nur einen flüchtigen Kuss gab und wieder im Stollen verschwand. Während er über die Schienen ratterte, stellte er sich vor, wie es sein würde, wenn er die braune Erde aus der Wand scharrte und seine Schaufeln auf einmal ins Nichts griffen, wie die Dunkelheit Risse bekam und ihm plötzlich helles Tageslicht entgegenflutete. Im nächsten Augenblick hatte er das Ende des Stollens erreicht. Er schwitzte und war voll mit Adrenalin.

So schnell hast du den Waggon noch nie mit Erde gefüllt, dachte er wenig später und wollte mit den Schuhspitzen über das gespannte Seil Amanda gerade das Zeichen geben, dass sie ihn herausziehen konnte. Aber Fynn tastete mit seinen Schuhen umsonst nach dem Seil. Es lag hinter ihm irgendwo lose zwischen den Gleisen. Sein Herz pochte wie wild.

»Mach schon«, flüsterte er. »Mach schon, Amanda.«

Er versuchte sich zu beruhigen. Vielleicht hatte sie etwas abgelenkt, ein Waldhüter oder ein verirrter Wanderer.

Er wartete. Jetzt nicht kopflos werden, Fynn, dachte er. Auf einmal wurde ihm bewusst, wie eng der Stollen war. Dass seine Arme und Beine bei der kleinsten Bewegung an den Wänden streiften und dass er den Kopf nur ein bisschen heben musste, um an die Decke zu stoßen.

Als er nach einigen Minuten den feinen Ruck am Wagen, wenn Amanda das Seil spannte und anfing zu ziehen, noch immer nicht gespürt hatte, schob er sich von Stütze zu Stütze des Grubenholzes rückwärts hinaus. Die Steigung und das Gewicht der Wagenladung machten ihm zu schaffen. Es war sehr heiß im Stollen. Er fluchte und schwitzte. Auf halber Strecke war er schon so erschöpft, dass er die Erde vor sich aus dem Wagen kippte, um wenigstens ein bisschen Ballast loszuwerden.

Er keuchte, als er den Ausgang endlich erreichte. Es war bereits dunkel geworden. Kurz horchte er in die Stille hinein. Feiner Nieselregen fiel, und angenehm kühle Luft strich über seinen Körper. Erschöpft blieb er auf dem Ladewaggon liegen, um wieder zu Atem zu kommen.

»Amanda«, rief er mehrere Male. »Amanda, wo bist du?«

Aber es blieb vollkommen still.

Plötzlich blendete ihn das grelle Licht einer Taschenlampe.

»Ein bisschen Maulwurfspielen, ha?«, fragte eine fremde Männerstimme. »Wohl verrückt geworden? Den ganzen Berg umzugraben. Los, auf. Schluss jetzt mit diesem Quatsch.«

Und dann packten ihn zwei Sicherheitskräfte und schubsten ihn so grob durch den Wald, dass er mehrere Male stolperte und hinfiel. Aber sie rissen ihn sofort wieder auf die Beine und trieben ihn zur Eile an.

»Eine kleine Schatzsuche gemacht, was?«, fragte der Mann. Jetzt sah er ihn. Es war ein Polizist, und neben ihm ging ein weiterer Uniformierter, der schwieg und den Weg ausleuchtete.

»Ich …«, setzte Fynn an.

»Einfach die Klappe halten«, unterbrach ihn der Polizist. »Das kannst du uns später erzählen. Deine Waldfee sitzt schon auf dem Revier und wird gerade vernommen.«

»Los!«, schrie einer der Sicherheitskräfte.

»Mach schneller!« Abermals stieß er Fynn grob gegen die Schulter. »Wie krank ist diese Gesellschaft?«, fluchte der Polizist. »Ein Haus voll Idioten. Buddeln einen halben Berg um.«

»Los, weiter jetzt. Es ist Samstag, du Spinner, und eigentlich hätte ich heute frei.«

28. KAPITEL

»Ich dürfte gar nicht hier sein«, begann Pax, als er vor Amanda und Fynn im Wohnzimmer stand. Seine Augen waren rot unterlaufen, als ob er kurz zuvor geweint hätte. Amanda und Fynn spürten, dass ihm dieses Gespräch sehr unangenehm war. Die beiden saßen auf dem Sofa und wirkten wie geprügelte Hunde. Pax schüttelte verständnislos den Kopf. Und als er sie so sah, sagte er: »Ihr tut mir leid. Zum Glück haben sie euch nur zwei Tage eingesperrt. Aber die Strafen und Klagen, die euch erwarten, sind erheblich. Besitzstörungsklage, Waldverwüstung, Deponieren von Müll in Freiflächen. Ich meine, ihr spinnt ja, Schienen und all den anderen Plunder dort abzuladen. Zudem noch die Schädigung geschützter Arten. Ihr seid wirklich verrückt.« Er sah ihnen direkt in die Augen. »Ich weiß nicht, was euch geritten hat, als ihr diesen Tunnel gebaut habt und was ihr damit bezwecken wolltet. Und ich will es auch nicht wissen. Behaltet das für euch. Es interessiert niemanden. Niemanden von uns, versteht ihr?« Er knetete seine Hände. »Max ist unglaublich sauer. Nie zuvor wurde er so enttäuscht wie von euch. Bei der letzten Besprechung hatte er Tränen in den Augen. Vor Trauer und Wut. Er hat euch geliebt. Das wisst ihr. Ihr habt die höchste Auszeichnung der Familie erhalten. Erst 20 Mitglieder haben sie bekommen. Und euch fällt nichts Besseres ein, als einen Tunnel zu buddeln. Wir alle haben uns gefragt: ›Weshalb tun sie das? Die müssen doch vollkommen durchgedreht sein.‹«

Fynn wollte gerade zu sprechen beginnen. Aber Pax blockte sofort ab. »Nein, ich will es nicht wissen. Und es interessiert mich auch nicht, wer hinter der ganzen Sache steckt. Aber ich rate euch eines: Behaltet diesen Scheiß für euch, wenn ihr keinen gewaltigen Ärger bekommen wollt.«

Amanda und Fynn blickten Pax traurig an.

»Ihr kennt die Statuten der Familie? Und ihr kennt auch die Konsequenzen eurer Aktion, oder? Wer dem Verein auf hinterhältige Art und Weise Schaden zufügt, ist aus der Familie auszuschließen. Es ist uns nicht leicht gefallen, aber am Ende haben alle – alle, versteht ihr? – für euren Ausschluss gestimmt. Und ihr wisst, dass es gegen dieses Urteil keine Einspruchsmöglichkeit gibt. Die Entscheidung ist endgültig. Ihr dürft euch nie mehr bei uns blicken lassen. Und wenn es euch trotzdem einfallen sollte, bei uns aufzutauchen, folgt eine Besitzstörungsklage. Eure Namen sind aus sämtlichen Listen gestrichen. Ihr erhaltet keine Einladungen mehr, ihr existiert für die Familie nicht mehr.«

Pax wandte sich ab, um zu gehen. An der Tür blieb er kurz stehen. »Ach ja. Noch etwas. Wenn euch einer von uns einmal zufällig begegnet, wird es so sein, als ob wir einander niemals kennengelernt hätten. Wir werden euch behandeln wie Unbekannte und euch nicht mehr grüßen.« Nach diesen Worten öffnete er ohne Verabschiedung die Haustür und drückte sie sanft hinter sich zu.

Wohl eine halbe Stunde saßen Amanda und Fynn schweigend und grübelnd da.

»Glaubst, du dass wir das meinen Eltern erzählen sollen?«, fragte Amanda nach einer Weile.

»Lieber nicht. Ich glaube, das würde sie vollkommen durcheinanderbringen. Und vermutlich würden sie es nicht verstehen«, erwiderte Fynn.

Schließlich holte er eine Flasche Primitivo, stellte sie auf den Tisch und schenkte zwei Gläser ein. Beide starrten vor sich hin und tranken den Wein in zügigen Schlucken.

Die Stille im Haus war so unerträglich, dass Amanda den Fernseher einschaltete und durch die Sender zappte. Comicfiguren liefen durch das Bild. Irgendwo wurde das Wetter für den nächsten Tag angekündigt. Ein Mittel gegen Kopfschmerzen wurde beworben und dann hielt sie inne. Eine bekannte Moderatorin blickte ernst in die Kamera. »Nie zuvor waren die Folgen mehrerer gleichzeitig stattfindender Erdbeben so verheerend. In Pjöngjang, Peking, Wladiwostok und im nigerianischen Lagos bebte die Erde mit einer Stärke von bis zu 9,2 auf der Richterskala. Im Epizentrum einiger Beben befinden sich mehrere Atomreaktoren, die das Grundwasser radioaktiv kontaminiert haben. Geschätzte 2,2 Milliarden Menschen sind betroffen und haben keinen Zugang mehr zu sauberem Trinkwasser. Genießbares Wasser wird in den Krisenregionen nur noch in Flaschen abgegeben. Nach diesen Ereignissen spitzt sich die globale Trinkwasserknappheit weiter zu. Erst vor Kurzem waren aufgrund der Klimaerwärmung die Gletscher im Himalayagebiet und in den südamerikanischen Anden so drastisch zurückgegangen oder sind sogar schon gänzlich verschwunden, dass Länder wie Bangladesch oder Peru immer dramatischer unter dem Wassermangel leiden. Experten befürchten, dass die Wasserpreise in den betroffenen Regionen explosionsartig steigen werden und der Kampf um sauberes Trinkwasser in absehbarer Zeit globale Dimensionen annehmen wird.«

Amanda und Fynn waren wie betäubt. Mit ihren Gedanken waren sie noch mitten in dem Gespräch mit Pax und bei ihrem Ausschluss aus der Familie. Amanda zappte weiter und sah, wie eine riesige Wasserschildkröte langsam und majestätisch durch azurblaues Wasser glitt. Pflanzen schmiegten sich wie Schleier in die Strömung und wehten gemächlich hin und her.

»Ich will sie noch einmal sehen«, sagte Amanda plötzlich.

»Was willst du sehen?«

»Diese Fotos. Schmids Fotos. Ich will sicher sein, dass wir nicht verrückt sind und uns nicht geirrt haben. Ich will sicher sein, dass Schmid uns die Wahrheit gesagt hat.«

Es dämmerte bereits, als sie vor dem Wohnhaus standen und Schmids Klingelschild suchten. Ungläubig schüttelte Fynn den Kopf. Dort, wo sich beim letzten Mal Schmids Name befunden hatte, war nichts außer einem weißen Feld.

»Das gibt es doch nicht«, flüsterte er. »Nicht mehr da. Ich kann seinen Namen nirgendwo finden.«

Eine alte Frau, die an einem Stock ging, öffnete gerade die Haustür und lächelte freundlich.

»Carlo Schmid«, sagte Amanda und lächelte zurück. »Wir wollten gerade bei ihm klingeln. Aber sein Namensschild ist nicht mehr da.«

»Der wohnt leider nicht mehr hier«, erklärte die alte Frau. Mit einem Mal wirkte sie traurig. »Haben Sie es nicht in den Zeitungen gelesen? Dort ist doch gestanden, dass er seit Langem unter schweren Depressionen litt. Er hat sich umgebracht.«

»Umgebracht?«, fragte Amanda.

»Man hat ihn vor zwei Wochen erhängt in seiner Wohnung gefunden.«

»Erhängt?«

»Man weiß nie, welche Qualen Menschen mit sich herumschleppen. Er war immer so freundlich.« Ihr

Blick ging ins Leere. »Sie sind wegen Carlo Schmid hier«, erklärte sie dem Hausmeister, der soeben mit einem vollen Korb Rasenschnitt über die Wiese kam.

Der Hausmeister wurde nachdenklich. »Tragische Sache.«

»Könnten wir seine Wohnung vielleicht ein letztes Mal sehen?«, fragte Fynn.

Der Hausmeister nickte und stellte den Korb auf den Boden. Wenig später folgten sie ihm die Treppen in die oberen Stockwerke hinauf. In seiner Hand trug er einen großen Schlüsselbund, der bei jedem Schritt ein wenig klimperte.

»Tragische Geschichte«, wiederholte er. »Der Briefkasten quoll über, und da habe ich nachgesehen. War kein schöner Anblick, könnt ihr mir glauben.« Langsam öffnete er die Wohnungstür. Ihre Schritte hallten laut durch die Räume. In der Wohnung befanden sich keine Möbel mehr. Nichts. Alles war leergeräumt, und die Böden glänzten frischgeputzt. »Am selben Tag kamen an die 20 Leute und haben hier saubergemacht. Haben alles in Schachteln gepackt und jede Schachtel nummeriert. Zwei Stunden später war alles weg. Das Tempo, das die vorgelegt haben, war beinahe unglaublich. Ich hab so etwas noch nicht gesehen. Wie ein Sondereinsatzkommando«, berichtete der Hausmeister.

Fynns Herz schlug aufgeregt. Langsam griff er nach Amandas Hand und verabschiedete sich plötzlich.

»Danke, dass sie uns das alles gezeigt haben«, sagte er freundlich. »Aber wir sollten jetzt gehen.«

Der Hausmeister blickte ihnen irritiert hinterher. »Diese Jugend. Keine Zeit mehr für nichts.«

Auf der Straße sah Fynn zur Wohnung hoch. Alles war dunkel. »Vielleicht ist uns jemand gefolgt«, meinte Fynn. »Vielleicht dieselben, die hinter Schmid her waren. Komm, lass uns nach Hause gehen.«

29. KAPITEL

Zwar tobte der Krieg irgendwo weit entfernt im Osten. Aber seine Auswirkungen wurden immer spürbarer. Zu Tausenden strömten Krisen- und Kriegsflüchtlinge ins Land. Die Not und der Hunger wurden so drückend, dass wie damals, im letzten großen Krieg, Essensmarken für Butter, Mehl und Brot ausgegeben werden mussten, um die Nahrungsmittel gerecht zu verteilen.

In den größeren Ortschaften und Städten wurden Essensausgaben eingerichtet, die wohltätige Organisationen aus dem Ausland betrieben. »Helpcare« hießen sie oder »Food for all«. Das Gerangel zwischen Einheimischen und Fremden, die aus zerbombten Städten und vor dem Elend geflohen waren, wurde bei den Ausgaben manchmal so bedrohlich, dass sich bei einigen Tafeln zuerst die Einheimischen anstellen durften und erst danach die Kriegsflüchtlinge. Häufig kam es zwischen Einheimischen und Zugewanderten aus purem Hunger zu Streit. Der Unmut gegenüber den Fremden, die vor allem Muslime waren, entlud sich immer öfter und nahm grausame Züge an. In einer kleinen Stadt wurde eine Muslimin beinahe zu Tode geprügelt, weil sie eine Einheimische als Schweinefresserin beschimpft hatte. Extremisten rotteten sich zusammen und wurden eine Gefahr. Einmal verließen Muslime nach dem Freitagsgebet eine provisorische Moschee, die nicht mehr war als eine Lagerhalle mit einer türkisblau bemalten Kuppel. Als die Gläubigen auf den Vorplatz traten, blickten sie von einem Stapel aus Holzpaletten sieben Schweinsköpfe an. Darunter stand auf einem Transparent: »Geht nach Hause«. Aufgebracht stürmten mehrere Muslime das Podest, als ein großer Knall jeden Aufruhr zum Verstummen brachte. Eine Feuersäule stieg auf und qualmender Rauch. Zaghaft erwachten Schreie. Wie hingestreut lagen Menschen auf dem Platz. 37 Muslime kamen bei diesem Anschlag ums Leben, darunter 7 Kinder.

Die Schreckensnachricht verbreitete sich sofort über sämtliche Medien. In muslimisch dominierten Staaten empörte man sich über diesen christlichen Terror und verurteilte den mangelnden Schutz von Minderheiten.

»Schlimmstes Verbrechen seit dem Genozid an den Juden durch die Nazis«, titelte die auflagenstärkste Tageszeitung in Riad.

Die Regierung handelte sofort. Moscheen wurden von Sicherheitskräften bewacht, und Bezirke, in denen vor allem Flüchtlinge und Ausländer wohnten, unter besonderen Schutz gestellt. Eine Stadt riegelte das muslimische Viertel nachts von 22 Uhr bis 6 Uhr früh vollkommen ab. Diese Maßnahme diene dem Schutz der Fremden, versicherte der Oberbürgermeister.

»Das ist hier wie in einem Ghetto«, beschwerten sich die Bewohner des Viertels. »Wie damals in Warschau unter Hitler.«

Die Situation schaukelte sich weiter hoch. In einer Juninacht wurden Molotowcocktails durch die eingeschlagenen Fenster eines Flüchtlingsheims geworfen, die das gesamte Gebäude in Brand setzten. 25 Muslime starben. Feuerwehr und Polizei seien erst eine halbe Stunde nach dem Anschlag eingetroffen, berichteten einige Fernsehsender, und man habe nur zögerlich damit begonnen, den Brand zu bekämpfen. Mehrere Journalisten behaupteten sogar, dass die Schutzkräfte tatenlos zugesehen hätten, als im Wohnheim Mütter mit ihren Kindern um Hilfe geschrien hätten, ehe ihre Stimmen im Feuer verstummten.

Die Regierung versage auf ganzer Linie, erklärte ein Terrorismusexperte im Gespräch mit einem internationalen Fernsehsender, und beweise ihre vollkommene Unfähigkeit.

Der Druck auf das Land, das jahrzehntelang für das friedliche Miteinander verschiedener Ethnien gelobt worden war und nun so kläglich scheiterte, wurde immer größer.

»Eine humanitäre Intervention der internationalen Gemeinschaft ist dringend erforderlich«, appellierten mehrere Abgeordnete beim UN-Sicherheitsrat. Und vor dem UN-Hauptgebäude stand auf einem Transparent: »Wie lange wollt ihr noch zusehen?«

UN-Beobachter, die in das krisengeschüttelte Land entsandt wurden, empfahlen schon danach eine militärische Aktion, um diese Spirale der Gewalt zu beenden.

Vorgezogene Wahlen fanden statt und die Regierung wurde abgewählt. Der neue Kanzler versprach, radikal gegen die Unruhestifter vorzugehen. Seine erste Amtshandlung bestand darin, die Landebahn zum Zweck der Terrorismusbekämpfung zu verlängern. Die Blumentröge wurden entfernt und die humusierte Schicht auf dem bereits asphaltierten Abschnitt der Landebahn abgetragen. Die Proteste einiger Bürger erreichten kein einziges Medium, und wer sich zu laut äußerte, wurde im Eilverfahren verurteilt oder in Schutzhaft genommen. Kurz nachdem die Piste ihre volle Länge erhalten hatte, landeten riesige Transportflugzeuge und brachten schweres militärisches Gerät und Soldaten. Immer mehr Soldaten. Am Ende waren es 132.000, die man über das gesamte Land verteilte. Man positionierte sie vor allem an Verkehrsknotenpunkten und an den neu errichteten Straßen. Dort, wo vor einiger Zeit Ausweichen im Gelände errichtet worden waren, wurden Wachpostenhäuschen und Sicherheitsschleusen aufgestellt. Ein eigens gegründetes Sondereinsatzkommando begab sich auf die Suche nach radikalisierten Gruppen. Was die Vorgängerregierung in einem Jahr nicht erreicht hatte, schien mithilfe der neuen Kräfte in wenigen Wochen zu gelingen. Eine Liste der gefassten Terroristen wurde veröffentlicht und es hieß, dass bereits 19 der 25 Verdächtigen neutralisiert worden seien.

»Vielleicht ein bis zwei Monate«, versicherte ein Pressesprecher der Regierung, »und wir werden die letzten Glutnester der Gewalt gelöscht haben. Wir benötigen noch etwas Geduld, aber die Terroristen entkommen uns nicht.«

Die Anschläge wurden tatsächlich weniger, und die Lage schien sich infolge der großen Militärpräsenz zu verbessern.

»Danke den Befreiern und Beschützern«, konnte man auf dem Regierungsgebäude lesen. Ein Sprayer hatte die Botschaft eines Nachts dort hinterlassen. Und niemand kam, um sie zu entfernen.

Vor demselben Regierungsgebäude beschwerte sich jedoch ein Vater unter Tränen, dass sein Sohn von dieser Geheimdienstorganisation als angeblicher Terrorist gegen Muslime ohne Anklage ermordet worden sei. Sein Sohn sei 20 Jahre mit einer Muslimin verheiratet gewesen und habe sich stets für das Gemeinsame eingesetzt und nicht für das Trennende. Das sei Willkür, schrie er, und habe nichts mit der Bekämpfung von Ursachen zu tun. Dann übergoss er sich mit Benzin und verbrannte auf den Pflastersteinen des Regierungsvorplatzes.

30. KAPITEL

Keiner hatte mit ihm gerechnet, obwohl dieser Tag irgendwann einmal hatte kommen müssen.

Das, was Fynn und Amanda zuvor in wochenlanger Schinderei am Ende doch nicht gelungen war, präsentierte ihnen die Natur nun urplötzlich wie ein Geschenk.

Es war Ende Februar. Überall lag Schnee. Am Nachmittag frischte ein böiger Wind auf, der letzte braune Buchen- und Eichenblätter davonfegte und kleinere Ästchen an den Bäumen knickte. Es begann erneut zu schneien, und der Wind nahm allmählich zu. Er riss weichen Schnee über die eisverkrusteten Ebenen und häufte Dünen an windstille Böschungen, Hauseinfahrten oder Geländemulden. Die Verwehungen blockierten bald Autobahnen und Straßen und verursachten kilometerlange Staus. In den Abendstunden konnte man wegen des anhaltenden Schneetreibens vielerorts die orangen Lichter der Räumfahrzeuge blinken sehen. Aber sie schafften es kaum, die Straßen wieder befahrbar zu machen. All das hätte noch einem normalen Wintertag geglichen. Aber kaum war das Dämmerlicht des Tages verschwunden, verwandelte sich der steife Wind in einen Orkan. Er wurde so heftig, dass die Bäume mit geneigten Kronen im Wind standen und gegen ihn ankämpften. Erste Äste brachen ab und fielen mit lautem Krachen herab. Wurzelteller tanzten hin und her, hoben die Schneedecke und lösten sich aus der Erde. Riesige Tannen und Fichten rauschten nieder und schlugen polternd auf dem harten Boden auf. Manche von ihnen rissen während des Fallens weitere Bäume mit. Und dort, wo vor Kurzem Wurzelstöcke gefußt hatten, klafften nun große Krater.

Bald fielen ganze Baumreihen um wie Mikadostäbchen. Und jene Bäume, deren Wurzeln tief im Erdreich verankert waren, knickte der Sturm auf halber Höhe einfach ab. In den späten Nachtstunden waren die meisten Straßen wegen umgefallener Bäume oder herabgestürzter Äste unpassierbar geworden. Etliche Stromleitungen waren unterbrochen. Die Lichter der Straßenlaternen gingen aus und tauchten zahlreiche Ortschaften in eine tiefe Dunkelheit. Hausdächer wurden abgedeckt und Schuppen einfach umgeworfen. Die Feuerwehr schob Doppelschichten, Motorsägen heulten, zersägte Baumstämme wurden von der Straße gerollt und Äste weggezerrt, um die Fahrbahn wieder passierbar zu machen.

Der Orkan dauerte die gesamte Nacht.

»Vermutlich über zehn Millionen Kubikmeter Holz sind diesem Sturm zum Opfer gefallen«, berichtete ein Nachrichtensprecher am nächsten Morgen im Radio. »Die Aufräumarbeiten werden Wochen, an einigen Orten sogar Monate dauern.«

Als Fynn diese Nachricht hörte, rannte er sofort ins Schlafzimmer und rüttelte Amanda aus dem Schlaf. »Amanda! Zieh dich an! Wir müssen sofort los!«

»Was ist?«, murmelte sie verschlafen. »Bitte nicht so eine Paranoiaaktion wie letztes Mal, okay? Wir werden nicht beobachtet, Fynn. Werden wir nicht.«

»Mach schon! Eine bessere Gelegenheit kriegen wir nie wieder.« Er steckte sein Smartphone in den Rucksack, Trockenfrüchte sowie etliche Müsliriegel und setzte schnell einen Topf Wasser für heißen Tee auf.

»Wohin willst du so früh? Es ist doch nicht einmal richtig hell draußen.«

»Erklär ich dir später. Los, komm. Wir nehmen die Vespa.«

»Die Vespa?«

Zehn Minuten später fuhren sie eine Straße entlang, die sich in Serpentinen einen Berg hinaufwand. Manchmal mussten sie den Roller über umgestürzte Bäume hieven und durch Schneeverwehungen schieben. Aber sie kamen trotzdem gut voran.

»Du bist verrückt, Fynn. Vollkommen verrückt.«

Am Ende eines geräumten Forstweges stellten sie den Motor der Vespa ab, versteckten sie in einem dichten Gestrüpp aus Brombeeren und gingen querfeldein über das Gelände. Überall lagen entwurzelte oder abgeknickte Bäume.

»Warte«, keuchte Amanda. »Ich kann nicht so schnell. Einen Stamm hochklettern, unter einem anderen hindurchkriechen und sich danach an einem Ast hochziehen. Und schau meine Hose an. Vollkommen zerfetzt von den Aststummeln, an denen ich hängen gebliebenen bin.«

Dann standen sie endlich vor dem Zaun des Schutzgebietes oder viel mehr vor dem, was davon übrig geblieben war. Hunderte Bäume waren auf die Anlage gestürzt und etliche Steher eingeknickt. Das Zaungeflecht war an vielen Stellen zerrissen und der Strom ausgefallen. Das Gebiet war plötzlich frei zugänglich. Niemand hätte sie jetzt noch aufhalten können.

»Kein Bodenradar«, stellte Fynn fest. »Kein Bewegungs- oder Wärmemelder funktioniert mehr, und selbst wenn sie uns auf einem Bildschirm sehen sollten, können sie nichts unternehmen. Denn dieses Wirrwarr aus Baumstämmen und Ästen macht eine Verfolgung so gut wie unmöglich. Also, los, Amanda. So leicht kommen wir da nicht noch mal hinein.«

Das Gebiet zu durchqueren war allerdings gefährlich. Sie mussten über umgestürzte Bäume klettern, manchmal durch kleine Spalten unter ihnen hindurchkriechen, auf Stämmen entlangbalancieren, von Stamm zu Stamm hüpfen und hinab- und hinaufklettern. Sie kamen nur langsam voran.

»Weiter«, spornte Fynn Amanda an. »Du schaffst das, spätestens in einer halben Stunde sind wir dort.«

Obwohl der Orkan die Umgebung verwüstet hatte, konnten sie sich trotzdem sehr gut orientieren.

»Hier, der Baum«, rief Fynn. An ihm waren sie damals oft vorbeigekommen. Er war mächtig, und sie hätten ihn gemeinsam nur mit ausgestreckten Armen umfassen können. Jetzt lag er der Länge nach am Boden, und sein Wurzelteller war so hoch wie ein Haus. »Da, die kleine Kuppe, die krumme Kiefer«, meinte Amanda, die vor Anstrengung keuchte.

Je näher sie dem See kamen, an dem sie früher gezeltet hatten, desto unruhiger wurden sie.

»Ich halte diese Aufregung kaum aus, Fynn.« Und kaum hatte sie es gesagt, stockte ihr Schritt. »Das gibt's doch nicht. Was haben die da gemacht?«

Amanda schüttelte ungläubig den Kopf. »Das kann nicht sein, Fynn. Das sind die Planen. Es ist genau so, wie Schmid gesagt hat. Genau so. Schau dir das an.«

Fynn nahm ein fingerdickes gummiartiges Gewebe in die Hand. Es erstreckte sich schier endlos über das Gelände. Hier und dort war es zerrissen und darunter, teilweise verborgen durch ein Gewirr aus umgestürzten Bäumen, zog sich eine Straße entlang.

»Sag, dass das nicht wahr ist, Fynn. Sag, dass das einfach nicht wahr ist.«

Beiden zitterten vor Aufregung die Knie.

»Ich kann das kaum ertragen, Fynn. Ich bekomme das, was ich gerade sehe, in meinem Kopf nicht zusammen. Das ist vollkommen verrückt.«

Keine fünf Minuten später erreichten sie einen kleinen Hügel. Der Wind, der ihnen entgegenwehte, roch nach Schnee und Winter. Von hier aus konnten sie den See überblicken. Der Uferbogen, an dem sie früher gezeltet hatten war verschwunden und hatte einer betonierten Einfassung Platz gemacht. Sie begannen zu weinen.

»Schmid hat die Wahrheit gesagt, Fynn. Er hat es die ganze Zeit über gewusst.« Erst jetzt holte Fynn sein Smartphone aus dem Rucksack. Es klickte und klickte. Dazwischen blickte er ungläubig über das Gelände. »Das glaubst du nicht.«

»Wer tut so etwas, Fynn? Und weshalb?«

Fynn zuckte nur mit den Schultern. Die kalte Sonne schien ihnen flach ins Gesicht. Auf dem zugefrorenen und weißbedeckten See glitzerten Schneekristalle. Es sah aus, als öffne sich vor ihnen ein riesiges Feld aus funkelnden Diamanten.

»Niemand«, erklärte Fynn, »wird uns diese Geschichte glauben. Davon kannst du ausgehen.«

»Aber wir haben die Fotos, Fynn. Wir haben Beweise.«

Während sie das Klicken des Smartphones hörte und Fynn die Linse auf die betonierte Ufermauer hielt, die aus dem Schnee herausblickte, sagte er: »Sie werden behaupten, es wären Fälschungen. Ganz einfach.« Erneut klickte das Smartphone.

»Sie werden uns glauben, Fynn. Das müssen sie.«

»Ja, so wie wir Carlo Schmid geglaubt haben. Genau so werden sie uns glauben.«

Langsam stiegen sie hinab zum Ufer. Amanda legte

die Hand auf den Beton der Ufereinfassung, da sie immer noch nicht begriff, was sie sah. Der Beton fühlte sich kalt an und glatt. »Beton«, flüsterte sie mehrere Male benommen. »Beton.« Nach einer Weile sagte sie weinend: »Lass uns gehen, Fynn. Ich will weg von hier.«

Erschöpft und frustriert begaben sie sich auf den Rückweg. Manchmal klickte Fynns Smartphone. Amanda sah immer wieder sein ungläubiges Kopfschütteln und blickte in sein sprachloses Gesicht. Nachdem sie bei ihrer Vespa angekommen waren, sandte Fynn noch Dutzende der geschossenen Fotos an seine eigene Mailadresse.

»Wozu tust du das?«, fragte Amanda.

»Man weiß ja nie«, antwortete Fynn und lächelte verzweifelt.

Es war bereits später Nachmittag und die Sonne stand tief. Der Himmel war wolkenlos und klar. Ein leichter Wind wehte. Pax streifte in der Nähe des Schutzgebietes durch das Gelände und war erschüttert über den Schaden, den die letzte Sturmnacht angerichtet hatte. Es würde Monate dauern, bis der Zaun repariert war und sämtliche Anlagen wieder funktionierten. In der Ferne hörte er das Dröhnen eines Motors, das immer lauter wurde.

Fynn und Amanda fuhren gerade die Serpentinen hinab, die sich in schmalen Schleifen an der Flanke des Berges entlangwanden. Auf der besonnten Straße und im Schnee lag ein Schattengewirr nackter Laubbaumäste, und am Rand waren Baumstämme aufgestapelt.

Wohin, dachte sich Fynn, während er langsam durch eine Kurve fuhr. Wohin jetzt?

Er spürte Amandas Arme um seinen Bauch und den Rucksack, der gegen seinen Rücken drückte. Als er an das Smartphone dachte und an die vielen Bilder, ging ein heißer Schauer durch seinen Körper. Gleichzeitig spürte er diese große Verzweiflung und Hoffnungslosigkeit. Was sollten sie mit all diesen Fotos anstellen? Wer würde ihnen glauben, dass sie echt waren? An wen konnten sie sich wenden? Wohin sollten sie jetzt gehen?

Das Erste, was Pax von den beiden sah, war Fynns gelber Helm und Amandas blauer Schal, der um ihren Hals geschlungen war und im Wind flatterte. Er hörte das Motorengeräusch immer näher kommen. Als Fynn Pax bemerkte, schrie er: »Wir haben sie!«

Er blieb neben Pax stehen, tippte mit den Stiefeln auf den Asphalt und schob das Visier seines Helms hoch. Seine Augen waren groß vor Aufregung. »Wir haben sie.«

Pax schüttelte verständnislos den Kopf.

»Ach«, winkte Fynn ab, fuhr los und schrie abermals durch den Wald: »Wir haben sie!«

Er klappte das Visier herunter und gab Gas. Pax hatte sie nicht gegrüßt, sondern nur skeptisch geblickt. Er sah, wie Fynn die Vespa in die nächste Kurve lenkte, und hörte danach das Anschwellen des Motorengeräusches.

»Ja«, flüsterte Pax. »Wir haben sie. Wir haben sie nicht mehr alle.«

Pax ging über die Straße und den steilen Fußweg hinab, der die Serpentinen immer wieder querte. Kurz blieb er stehen und lauschte. Das Knattern der Vespa wurde leiser und leiser. Aber auf einmal hörte er hässliche Geräusche. Bremsen auf rollendem Kies. Schlittern. Er hörte, wie Metall über den Asphalt schabte, und kurz darauf ein dumpfes, sattes Krachen. So, als ob ein schwerer Gegenstand an einem Hindernis abrupt zum Stillstand gekommen war. Wie ein Kontrast zu alldem erwachte danach eine große Stille. Pax rannte zu einer Felsnase, von der er alle Serpentinen und auch die geraden Abschnitte der Straße gut überblicken konnte. Als er hinabsah, war ihm eines sofort klar: Jetzt dorthin zu eilen, um seine Hilfe anzubieten, wäre falsch. Selbst die Rettung anzurufen wäre falsch, denn dann wüssten diese Menschen dort unten, dass er alles beobachtet hatte. Sein Instinkt sagte ihm, dass dies nicht gut für ihn enden würde. Unten stand ein Mann mit einem Walkie-Talkie. Zwei weitere Kerle hoben Fynns und Amandas reglose Körper vom Asphalt auf und warfen sie über die Straßenmauer, als wären es Müllsäcke. Er sah, wie sie die zerbeulte Vespa nahmen und sie ebenfalls über die Mauer bugsierten. Pax hörte, wie sie mehrere Male hart gegen Felsen schlug. Der Mann mit dem Walkie-

Talkie gab den anderen Leuten, die gekleidet waren wie Straßenarbeiter, Anweisungen.

»He, ihr«, schrie er gereizt. »Der Ölfleck. Der muss weg!«

Einer der Straßenarbeiter streute ein Bindemittel aus und kehrte danach alles eilig zusammen.

»Da, auf dem Asphalt. Entfernt die Bremsspuren. Das Mittel dazu ist im Pick-up. Etwas schneller. In fünf Minuten sind wir hier weg.«

Ein Reinigungsfahrzeug fuhr langsam die Straße entlang und sammelte mit großen rotierenden Bürsten den Rollsplitt und Plastiksplitter der Vespa ein.

»Ja«, sagte der Mann in das Walkie-Talkie. »Sind über die Mauer gegangen mit dem Gefährt … Das Smartphone haben wir. Alles da … 100-prozentig … Die Vespa liegt 80 Meter weiter unten, und die beiden werden vermutlich gerade vom Wasser davongespült … Wir machen hier rasch fertig. Die Straße ist noch wegen der Sturmschäden gesperrt … Nein, hier kommt keiner durch … Ja, ist sauber. Spätestens in zwei Minuten …« Er beendete er das Gespräch. »Zwei Minuten habt ihr!«, schrie er den Arbeitstrupp an. »Tempo. Tempo jetzt.«

Pax beobachtete, wie sich die Männer wenig später entfernten. Stille kehrte ein, und es schien, als hätte sich an diesem Ort niemals ein Unglück ereignet. Pax robbte zurück und kroch in eine Schneemulde. Sein Herz raste. Er schwitzte, obwohl kühle Luft vom Berg abwärts strich. Er wartete, bis es vollkommen dunkel geworden war. Als er sich schließlich erhob, zitterten seine Knie so sehr, dass er sich sofort wieder hinsetzen musste. Das war zu groß für ihn. Diese Geschichte war einfach eine Nummer zu groß. Eine halbe Stunde lang verharrte er regungslos an seinem Platz, ehe er sich erhob und benommen nach Hause ging. Und eines wusste er genau: Er durfte niemandem erzählen, was er vorhin gesehen hatte. Niemandem.

Drei Woche später gab es von Amanda und Fynn weiterhin kein Lebenszeichen. Sie schienen spurlos verschwunden zu sein. Das Einzige, was man entdeckte, war die demolierte Vespa, die sich unten im Flussbett zwischen zwei riesigen Steinen verkeilt hatte. Nachdem man die beiden zwei Monate später noch immer nicht gefunden hatte, erklärte man sie schließlich für vermisst. Auf einem Gedenkgottesdienst, der einige Tage später stattfand, ergriff Max das Wort. Mit großer Rührung sprach er von den Begründern des Schutzgebietes als wichtigste Persönlichkeiten der Familie. »Ja, sie haben Fehler gemacht. Aber diese Fehler haben keine Bedeutung mehr. In unserer Erinnerung bleiben sie Helden, die wir nie vergessen werden.«

Tausende waren zu diesem Gottesdienst erschienen. Pax stand abseits. Sein Herz raste vor Wut und Zorn. Drüben sah er Amandas Eltern. Sie heulten. Kurz überlegte er, ob er zu ihnen hinübergehen und alles erzählen sollte. Aber er ließ es bleiben. Sie würden dich für verrückt halten, dachte er sich.

31. KAPITEL

In diesen Tagen erreichten nachts im Viertelstundentakt Transportmaschinen den Flughafen. Unter starkem Scheinwerferlicht wurde schweres militärisches Gerät ausgeladen. Aber auch spezielle Sattelzüge und chromglänzende Stahltanks. Auf den Seitenwänden dieser Tanks war ein Logo eingraviert. Es zeigte zwei weiße Wellen, darüber ein gleichschenkliges blaues Kreuz und darunter zwei Wörter: »Aqua aid«.

Tausende solcher Tanks, von denen jeder 40.000 Liter zu fassen vermochte, verschwanden in den nächsten Wochen in den Lagerhallen.

Es war in einer Mittwochnacht im Mai, als der erste Konvoi, bestehend aus 100 Sattelschleppern, auf denen jeweils zwei Stahlcontainer Platz fanden, das Flughafenareal zum ersten Mal verließ. Die Laster fuhren eine breite Straße entlang, die auf beiden Seiten eingezäunt war. Im freien Gelände dahinter patrouillierten Ranger, die sich um die Sicherheit des Transports kümmerten. Alle 500 Meter standen bewaffnete Militärs vor beleuchteten Wachhäuschen und beaufsichtigten das Passieren der Lastwagen. Im Führerhaus des erstens Lasters pendelte am Innenspiegel ein Maskottchen, das zwei lächelnde Rennfahrer in Siegerpose darstellte. Es war einer jener Anhänger, die damals zu Tausenden hergestellt worden waren, als für kurze Zeit Diskussionen wegen angeblich asphaltierter Straßen im Schutzgebiet aufgekommen waren. Der Fahrer des Lasters war ein kampferprobter Soldat, der schon an mehreren Wüstenkriegen teilgenommen hatte und dort erfolgreich für logistische Operationen eingesetzt worden war. Nahrungsmitteltransporte in neuralgische Gebiete, Transporte von Sondereinsatzkommandos oder Arzneimittellieferungen.

Der Lastwagenfahrer kannte das Gebiet, durch das er gerade unterwegs war, nur flüchtig aus den Medien. Aber der Auftrag, den er erhalten hatte, war unmissverständlich. Er trug die Verantwortung für seinen und die restlichen 99 Sattelschlepper, die ihm auf der Strecke folgten. Das Ziel seiner Mission bestand darin, den Konvoi sicher an den Bestimmungsort und zurück zum Flughafen zu bringen. Denn obwohl die Straße hermetisch abgeriegelt sei, wisse man nicht mit letzter Sicherheit, ob sich auf der Strecke Wegelagerer befänden. Sie seien meist als Demonstranten getarnt, die sich angeblich für den Schutz der Natur stark machten. In Wirklichkeit handle es sich jedoch um Kriminelle, die versuchen könnten, die Lastwagen auf der Rückfahrt zum Flughafen zu kapern und das geladene Trinkwasser an sich zu nehmen. Danach würden sie versuchen, das Wasser zu Wucherpreisen weiterzuverkaufen. Auf dem

Schwarzmarkt ließe sich damit ein Vermögen verdienen. Wasser, das von vielen Menschen dringend benötigt werde.

Etwas hatte man dem Fahrer eingeschärft: Sauberes Trinkwasser ist ein Grundrecht, aber seit einiger Zeit nur noch begrenzt verfügbar. Seit der Privatisierung des weltweiten Wassermarktes vor zwei Jahren hatte kein Land dieser Welt mehr das egoistische Recht dazu, sich mit seinen Wasserreserven ein Finanzimperium zu errichten. Wasser musste für alle verfügbar sein. Aber trotzdem sollte für dieses kostbare Gut auch entsprechend bezahlt werden, denn die Infrastruktur für sauberes Trinkwasser war teuer und musste gewartet werden.

Nicht anhalten, so lautete die Order. Falls irgendwelche Wegelagerer die Straße blockieren sollten, hieß es weiterzufahren, ohne zu bremsen, denn mit dem Trinkwasser konnten unter Umständen Millionen Menschen gerettet werden.

Der Welthandelspreis für Trinkwasser war allein in den letzten Monaten auf 480 Dollar pro Barrel gestiegen. Das bedeutete eine Preissteigerung von 700 Prozent in nur drei Monaten. Rohöl dagegen wurde gerade einmal um 140 Dollar pro Barrel gehandelt.

Der Konvoi rollte in zügigem Tempo dahin. Die Bilder bewaffneter Militärs im grellen Scheinwerferlicht flogen an den Kabinen der Laster vorbei. Manche Soldaten hoben zum Gruß flüchtig den Arm. Auf der Straße selbst war es ruhig. Keine als Demonstranten verkleideten Plünderer, keine Wegelagerer. Die Ranger, die hinter dem Zaun im Gelände patrouillierten, leisteten offensichtlich ganze Arbeit.

Nach einer halben Stunde bog der erste Lastwagen auf eine befestigte Seitenstraße ab und passierte ein großes Tor, über dem die Aufschrift »Willkommen im Paradies« angebracht war. Die Straße führte vorbei an Wiesen, Tümpeln und Wäldern und endete nach mehreren Kilometern an einer riesigen Wasserladestation mit Dutzenden Zapfschläuchen. Jeder dieser Schläuche war so dick wie ein Elefantenfuß. Zahlreiche Mitarbeiter in gelben Overalls warteten schon.

Der erste Sattelschlepper verlangsamte seine Geschwindigkeit und blieb stehen. Dann ging alles sehr rasch, so, als hätten die Männer in ihren gelben Overalls sämtliche Abläufe schon unzählige Male geübt. Der Lastwagenfahrer fühlte sich kurz wie ein Rennfahrer während eines Boxenstopps in einem Formel-1-Rennen, bei dem in nur wenigen Sekunden Sprit nachgetankt wurde. Ein Arbeiter zerrte einen großen Füllstutzen heran. Ein anderer schraubte hastig die Öffnung am Stahltank auf. Sekunden später wurde der Füllstutzen fixiert. Mit einem Seufzen schoss die erste Wasserladung in den Tank. Die Kabine des Führerhauses zitterte ein wenig unter der Gewalt des Wasserstroms, der in den Tank toste.

Durch das Vibrieren geriet das Maskottchen in Bewegung. Es drehte sich langsam um die eigene Achse, blickte hinüber zur Tankanlage, weiter zu kleinen Seen und danach hinein in ein weites, flaches Tal. Unter diesem Talboden befand sich das größte Aquifer dieser Welt. Es umfasste zig Milliarden Liter bestes und sauberstes Trinkwasser. Und eines wussten die Experten genau: Durch die Kessellage der sieben Täler, ihr riesiges Einzugsgebiet und die häufigen Regenfälle in der Region war ein Ende der Wasservorräte selbst bei großzügigster Entnahme nicht zu befürchten.

Nur einige Kilometer von dieser Tankstation entfernt saß Max Bonnermann im Erkerzimmer seines Landhauses und nippte an einem Glas Whiskey. Er war erschöpft, aber er lächelte erleichtert, so, als hätte er gerade einen schweren Berggipfel bezwungen. Und er war glücklich. Sehr glücklich. Erst vor wenigen Minuten hatte er ein Telefongespräch mit Rick Carlan beendet und ihm mitgeteilt: »Engine in the green. Die Mission ist erfüllt.«

Weitere Titel finden Sie auf den folgenden Seiten und im Internet:

WWW.GMEINER-VERLAG.DE